工作機械の空間精度

3次元運動誤差の
幾何学モデル・補正・測定

茨木 創一 著
Ibaraki Soichi

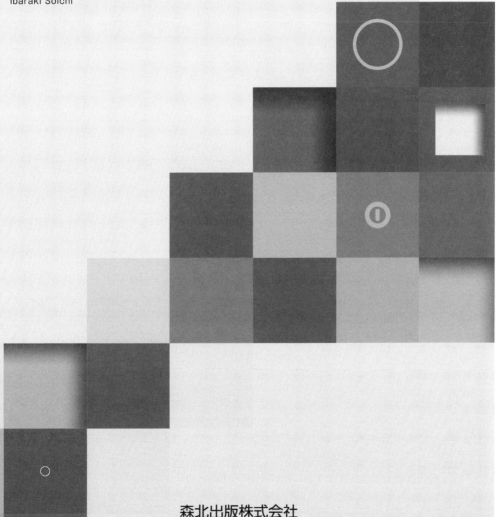

森北出版株式会社

● 本書のサポート情報を当社 Web サイトに掲載する場合があります．下記の URL にアクセスし，サポートの案内をご覧ください．

http://www.morikita.co.jp/support/

● 本書の内容に関するご質問は，森北出版 出版部「（書名を明記）」係宛に書面にて，もしくは下記の e-mail アドレスまでお願いします．なお，電話でのご質問には応じかねますので，あらかじめご了承ください．

editor@morikita.co.jp

● 本書により得られた情報の使用から生じるいかなる損害についても，当社および本書の著者は責任を負わないものとします．

■ 本書に記載している製品名，商標および登録商標は，各権利者に帰属します．

■ 本書を無断で複写複製（電子化を含む）することは，著作権法上での例外を除き，禁じられています．複写される場合は，そのつど事前に（社）出版者著作権管理機構（電話 03-3513-6969，FAX 03-3513-6979，e-mail：info@jcopy.or.jp）の許諾を得てください．また本書を代行業者等の第三者に依頼してスキャンやデジタル化することは，たとえ個人や家庭内での利用であっても一切認められておりません．

はじめに

　現代の社会には，「あるものを，与えられた位置に位置決めすること」を機能とするメカトロニクスシステム[†1]が数多くある．しかし，そのなかでも，

- 3次元空間内の任意の位置に対象物を位置決めする
- 可動範囲は数 m に及ぶ場合もある
- μm オーダに近い精度を求められる

ものは決して多くない．たとえば，産業用ロボットは可動領域内の任意の点に位置決めでき，数 m の可動領域をもつ大型機もあるが，一般に位置決め精度は μm よりもかなり悪い．半導体の露光装置などは nm レベルの精度を求められるが，可動領域は小さい．工作機械は，上のような性能が要求されるメカトロニクスシステムの代表例といえるだろう．加工物の精度は，機械の運動の精度を超えられない（工作機械の**母性原理**とよばれる）ため，運動精度を高める要求はつねにある．そのため，本書は応用対象として，工作機械をおもに考える．しかし，本書の基本的な考え方の多くは，複数の送り軸からなる位置決めメカトロニクスシステム一般に応用できる．

　図1は直交2軸をもつ送り系[†2]の典型的な構造の模式図である．1軸の送り系は一般に，(1) アクチュエータと動力の伝達機構，(2) 案内，(3) 位置センサから構成される．図では，アクチュエータとしてサーボモータ，動力伝達機構としてボールねじが使われており，テーブルの案内機構は転がり案内である．サーボモータの回転角度を検出するロータリーエンコーダが使われており，それをテーブル位置に換算する．いま，テーブル上のある点のX・Y・Z位置を $(0,0,0)$ とする．一つの軸（X軸とよぶ）を距離 x^* だけ，もう1軸（Y軸とよぶ）を y^* だけ移動する．テーブル上のある点のX・Y・Z位置は理想的には $(x^*, y^*, 0)$ になる．その実際の位置が (x, y, z) で，指令位置と一致しなかったとする．その原因は何が考えられるだろうか？

　まずX軸だけを考えよう．指令距離 x^* だけ動かしたとき，誤差はX方向だけでなく，送りと垂直な方向，YおよびZ方向にも生じる．また，テーブルの向きの誤差も

[†1] 電子回路によって制御される機械システムをメカトロニクスシステム (mechatronics system) とよぶ．
[†2] 与えられた位置に対象物を移動する，あるいは与えられた軌跡に沿って対象物を移動することを機能とするメカトロニクスシステムを送り系 (feed drive system) とよぶ．

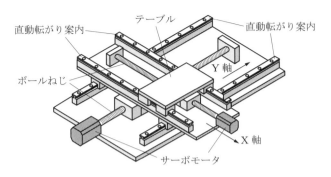

図 1 送り系の構成の例

ある(ロール,ピッチ,ヨーとよばれる).

- 送り方向(X 方向)の位置誤差(直進位置決め誤差運動)は,ロータリーエンコーダを用いて制御している場合,ボールねじのピッチ誤差により生じる場合が多い.ボールねじの熱収縮も典型的な要因の一つである.微視的には,ボールねじや案内面の摩擦や,転がり案内の転動球の循環も位置変動の原因になる.
- 送りと垂直方向(Y および Z 方向)の位置誤差(真直度誤差運動)は,案内面の形状誤差によって生じる場合が多い.微視的には,ボールねじの振れや,転がり案内の転動球の循環が周期的な誤差の原因となる.
- 移動体の向きの誤差(X, Y, Z 軸周り)(回転誤差運動)は,案内面の形状誤差が主原因である.アクチュエータの駆動点と,移動体の重心・案内面・リニアエンコーダなどの位置の違いが影響を及ぼす場合が多い(アッベの誤差 (Abbe error)).

これは例に過ぎず,実際にはさらに多くの可能性がある.このような誤差が,X 軸と Y 軸のそれぞれにある.X 軸と Y 軸の両方を駆動するとき,テーブルの位置 (x, y, z) には両軸の誤差の影響がすべて重なって現れる.そのため,(x, y, z) から誤差原因を特定することは容易ではない.そのため,送り系の運動精度測定は,1 軸ずつ,一つひとつの誤差ごとに行うことが基本である.つまり,X 軸だけを動かし,X 軸の直進位置決め誤差運動,真直度誤差運動,回転誤差運動をそれぞれ独立に測定する.次に,Y 軸に対しても同じ測定を繰り返す.

これが多軸の送り系の運動精度評価の基本方針である.このような測定法は,工作機械の精度検査の規格,たとえば ISO 230-1 規格[A1] (JIS B 6190-1[A16]) などに規定されているし,多くの工作機械メーカは出荷前の精度検査工程でこのような測定を行う.このような従来の精度測定の考え方に対し,空間精度の評価という新しい考え

方が受け入れられつつある．これは，以下のようにまとめられる．

- 各軸の誤差運動（直進位置決め・真直度・回転誤差運動など）を個別に，独立に測定するのではなく，テーブルの位置 (x, y, z) の軌跡を直接的に 3 次元測定する．
- 送り系の幾何学モデルを利用することで，各軸の誤差運動に分離する．

　従来の運動精度測定の考え方を「ボトムアップ」方式とよぶのなら，空間精度の評価は「トップダウン」方式といえるだろう．複数の軸の運動によって創成される，テーブル（あるいは工具端）の運動軌跡を測定し，それから構成要素である各軸の運動に分解するからである．すべての軸のすべての誤差運動を別々に測定するのは，手間・時間・コストがかかる．測定の能率が高いことが，空間精度を評価する意義の一つである．しかし，より重要なことは，空間精度の評価は，加工物の形状を創成する運動そのものを直接的に測定できる点である．従来の測定は，一つひとつの軸の運動を測定しても，それが組み合わさり，最終的にテーブル（工具）がどのような運動をするかは評価しない．それに対し，空間精度の測定は，テーブルから見た工具端の位置（および姿勢）を直接的に評価することに特長がある．本書の目的は，空間精度の評価の理論と，測定・補正にかかわる応用を解説することである．

　上の例で，たとえば真直度偏差が観察されたとき，案内の形状誤差，ボールねじの振れ，案内の転動体の循環など，原因はいくつも考えられる．それを特定するにはどうすればよいだろうか？　この例では，周波数解析が有効かもしれない．測定された誤差軌跡を周波数解析して，周期がボールねじのピッチと対応していればボールねじの振れ，直動転がり案内の転動球のピッチに対応していれば転動球の循環，それらよりも大幅に低い周期なら案内面の形状誤差——というように推測できる．このように，機械要素のどこに物理的な誤差原因があるかを診断することは，本書のおもな目的ではない．本書の主眼は，軸の運動を幾何学的に評価することである．工作機械の機械要素に関しては文献 [44, 45, 46] など良い教科書は多いので，そちらを参考にされたい．

　本書では，基本的に静的誤差を扱う．ここで，**静的 (static) 誤差**とは，送り速度に依存しない誤差を表す．たとえば，真直度誤差運動は，高速送り時には摩擦の変化などが原因で，低速時とは異なるかもしれない．しかし本書では，速度に依存しない，低速でも同じように現れる誤差運動だけを考える．案内の形状誤差が原因で生じる誤差はこれに当てはまる．たとえば，送り軸の加減速によって機械構造の振動を励起する場合，誤差の大きさは送り速度や加速度によって異なる．これは**動的 (dynamic) 誤差**の典型例である．また，送り系のフィードバック制御も本書では触れない．フィードバックループのゲイン設定など，フィードバック制御の特性の多くは，動的誤差に

影響するためである.工作機械の制御については,文献 [47] などが参考になる.

　言うまでもないことだが,工作機械の加工誤差は送り系の誤差運動以外にも,様々な要因がある.たとえば,主軸の回転運動の誤差,工具の形状精度,加工プロセスの影響(びびり,切削力による工具たわみなど)などであるが,これらは本書では扱わない.

　この「はじめに」に出てきた,**誤差運動**,**真直度誤差運動**,**真直度偏差**などの用語を聞き慣れない読者は多いかもしれない.これは ISO 230-1 規格[A1] (JIS B 6190-1[A16]) に定義された用語である.巻末にそのような用語の説明をまとめた.

　本書にはそのほかにも,いくつか ISO (International Organization for Standardization, 国際標準化機構)規格を参考文献として挙げた.工作機械にかかわる JIS 規格(日本工業規格)は,1990 年代中頃に締結された WTO/TBT 協定(貿易の技術的障害に関する協定)以降,対応する国際規格の翻訳となるのが基本方針である(国内事情等を理由に変更が加えられることはある).原則的に ISO 規格と JIS 規格を併記するが,最新の ISO 規格に対応する JIS 規格がまだ翻訳されていないこともある.最新の情報は,ISO や日本工業標準調査会のホームページなどを参考とされたい.筆者は,工作機械の精度検査にかかわる規格を担当する ISO の分科委員会 (ISO TC39/SC2) に参加し,いくつかの規格の制定・改定作業に携わってきた.本書でもそれらの規格について少し触れる.しかし,規格の内容を詳しく解説することは本書の目的ではない.

　多軸運動機構の幾何学モデルの理論は,おもにロボット工学の分野で早くから確立された.工作機械の分野での先駆的研究として,文献 [48] が挙げられる.国内では,1997 年に出版された稲崎らの著書[49]がこの理論を工作機械の**形状創成理論**として紹介し,工作機械の空間精度という考え方が広まるきっかけとなった.この本の出版から現在まで約 20 年の間に,5 軸工作機械の普及,測定器の発達,CNC システムの補正技術の成熟などを背景として,空間精度の考え方の重要性は大幅に増した.本書の第 2, 3 章は,上述の文献と重複する部分はあるが,幾何学モデルの基礎理論を筆者なりに説明する.第 4~6 章ではそれを応用した,空間誤差の測定・補正技術を述べる.なお,空間精度という考え方は,3 次元測定器 (CMM) の分野ではかなり以前から一般化している.ただ,工作機械への応用には異なる観点が必要な点も多い.

　本書のとくに第 5 章,第 6 章の内容の多くは,筆者が京都大学で当時の学生と共に行った研究を基にしている.お名前を挙げることで,謝意を示したい.畑貴文君(ステップ対角線測定,5.2.2 節),佐藤剛君(幾何誤差の直接測定による幾何学モデルの構築,5.3 節),飯塚厚史君,工藤朋也君,竹内国貴君,佐藤剛君,長江啓史君,坪井啓介君,湯浅康平君,蛭谷摩周君,Philip Blaser 君(追尾式レーザ干渉計およびオー

プンループ追尾式レーザ干渉計，5.5 節），宜川武史君，奥田敏宏君（回転軸のボールバー測定，6.1 節），大山智瑛君，洪策符君，長井優君（R-test 測定，6.2 節），太田祐輔君（プローブを用いた幾何誤差同定，6.3 節），Mohammad Sharif Uddin 君（円錐盤の工作試験，6.4 節），澤田昌広君，太田祐輔君，吉田伊吹君，辻本翔太君（5 軸加工機の工作試験，6.5 節）．ほかにも一緒に研究を行ったかつての学生は多く，彼らにも同じように謝意を示すべきだが，ここでは本書の内容に直結する方だけを挙げた．ただし，言うまでもないことだが，本書の内容に間違いなどがあった場合，その責任は一義的に筆者にある．

上記の研究の多くは企業との共同研究の成果である．また，（一社）日本工作機械工業会の方々，大学の研究者の方々からも多くのご協力・ご助言をいただいてきた．すべての方のお名前を挙げることはできないが，とくに，本書と関連の深い ISO・JIS 規格作りに共に取り組み，ずっとご指導いただいてきた，東京農工大・堤正臣副学長，大阪工業大学・井原之敏教授，上野滋様，日本大学・齋藤明徳教授，神戸大学・佐藤隆太准教授，東京工業大学・吉岡勇人准教授には感謝申し上げる．

京都大学大学院工学研究科マイクロエンジニアリング専攻・精密計測加工学分野の松原厚教授，Anthony Beaucamp 講師，河野大輔助教，山路伊和夫技術専門員には，これまでのご指導と，研究への直接的，間接的な協力に最大限の謝意を表したい．筆者の恩師である垣野義昭・京都大学名誉教授は，工作機械の DBB 測定（5.1 節）をはじめとして，工作機械の計測に多大な業績を残された．本書もこれまでと同じようにご指導いただきたかったが，垣野先生は 2015 年に亡くなられた．先生への心からの敬意を表すと共に，ご冥福をお祈りする．

森北出版株式会社の富井晃氏には，本書を執筆する機会をいただき，出版までご尽力いただいた．感謝申し上げる．

あゆ，美芽，晴大にもっとも感謝する．

2017 年 2 月
茨木創一

目 次

第1章　空間精度とは　　1

1.1　工作機械のどのような精度を評価すべきか　　1
1.2　空間精度の定義　　2
1.3　空間精度を評価する意義　　4
1.4　本書の目的　　11

第2章　運動軸の幾何誤差　　13

2.1　直進軸の幾何誤差　　13
 2.1.1　直進軸の誤差運動（位置依存幾何誤差）　13
 2.1.2　直進軸の軸平均線の幾何誤差　15
 2.1.3　機械座標系　16
2.2　回転軸の幾何誤差──機械座標系を基準とした定義　　19
2.3　回転軸の軸平均線の幾何誤差──軸座標系を基準とした定義　　24
 2.3.1　軸座標系を基準とした定義とは　24
 2.3.2　テーブル旋回形5軸加工機の例　25
 2.3.3　その他の機械構造の例　32
2.4　回転軸の角度依存幾何誤差──軸座標系を基準とした定義　　37

第3章　幾何学モデル　　40

3.1　直進3軸の幾何学モデル　　40
 3.1.1　第1の導出法：各軸の幾何的関係を積み上げる方法　42
 3.1.2　同次変換行列と座標変換　43
 3.1.3　第2の導出法：座標変換による方法　47
3.2　回転2軸の幾何学モデル　　57

3.2.1　工具先端点制御　57
3.2.2　回転2軸の幾何学モデル　59
3.2.3　直進軸と回転軸の幾何学モデルの統合　65

第4章　空間誤差の補正　66

4.1　直進軸の空間誤差の補正 …………………………………………… 66
4.2　回転軸の空間誤差の補正 …………………………………………… 68
4.3　数値補正をどう使うべきか ………………………………………… 76

第5章　直進軸の幾何誤差の間接測定　78

5.1　円運動精度試験 ……………………………………………………… 78
5.2　対角線測定とステップ対角線測定 ………………………………… 81
　　5.2.1　対角線測定　81
　　5.2.2　ステップ対角線測定　83
5.3　幾何誤差の直接測定による幾何学モデルの構築 ………………… 88
5.4　アーティファクトの測定に基づく方法 …………………………… 92
5.5　追尾式レーザ干渉計 ………………………………………………… 94
　　5.5.1　測定原理　94
　　5.5.2　ターゲット位置の推定アルゴリズム（直接的アルゴリズム）　96
　　5.5.3　幾何誤差パラメータの推定アルゴリズム（間接的アルゴリズム）
　　　　　99
　　5.5.4　測定例　102
5.6　不確かさの評価──追尾式レーザ干渉計による空間誤差推定の不確か
　　さ ……………………………………………………………………… 104
　　5.6.1　モンテカルロシミュレーションを用いた不確かさの評価　105
　　5.6.2　多辺測量法の不確かさと追尾式レーザ干渉計の配置　106

第6章　回転軸の幾何誤差の間接測定　109

6.1　回転軸のボールバー（DBB）測定 ………………………………… 109
　　6.1.1　測定法　109
　　6.1.2　軸平均線の幾何誤差の同定　111

6.2 R-test 測定 …………………………………………………………………… 119
- 6.2.1 測定器　119
- 6.2.2 測定手順　120
- 6.2.3 R-test 測定結果の図示　123
- 6.2.4 回転軸の軸平均線の幾何誤差の同定　128
- 6.2.5 角度依存幾何誤差の同定　130

6.3 タッチプローブを用いた幾何誤差の同定 ………………………………… 134
- 6.3.1 測定法　134
- 6.3.2 幾何誤差の同定　137

6.4 工作試験：円錐盤の工作試験 ……………………………………………… 140
- 6.4.1 試験法　140
- 6.4.2 軸平均線の幾何誤差が円錐盤の真円度曲線に及ぼす影響　142

6.5 工作試験：5軸加工機の幾何誤差を評価する工作試験法 ……………… 144
- 6.5.1 工作試験法および形状測定　144
- 6.5.2 幾何誤差の同定　145

付　録　最小二乗法とその応用　151

A.1 最小二乗法 …………………………………………………………………… 151
A.2 ニュートン法を用いた非線形最小二乗法 ………………………………… 155
A.3 行列の階数・条件数と最小二乗法 ………………………………………… 156

用語集 ……………………………………………………………………………… 160
参考文献 …………………………………………………………………………… 163
索　引 ……………………………………………………………………………… 168

第1章　空間精度とは

　工作機械に代表される多軸位置決めシステムの運動精度の検査は，一つひとつの軸の，一つひとつの誤差運動を，独立に測定していくのが基本である．空間精度の評価は，ただ測定法が違うだけでなく，運動精度の評価の新しい考え方を提示している．本章では最初に，空間精度とは何かを説明する．次に，空間精度を評価することで，どのような意義があるかを，実際の測定例に沿って説明する．

1.1　工作機械のどのような精度を評価すべきか

　数値制御（NC: numerical control）工作機械は，与えられた NC プログラムに従って，直進軸，あるいは回転軸を駆動して，工具と工作物（ワーク）の相対運動を作り出す．工作機械で加工された加工物の精度は，工作機械の運動精度を超えることができない．これは**工作機械の母性原理**とよばれる．そのため，工作機械のユーザはメーカに対し，可能な限り高い運動精度を求めることになる．

　工作機械の運動精度と一言でいっても，具体的にどのような精度が必要なのか，簡単な例で考えたい．図 1.1 の旋盤で，図 1.2(a) に示す円筒の外丸削りを行うとする．どの軸のどのような誤差が，加工誤差の原因になるだろうか？

　まず，主軸回転の径方向誤差運動（巻末の用語集 (9) 参照）は，ワークの断面の真円度誤差に直接的に転写される．また，Z 軸の真直度誤差運動（用語集 (2) 参照）は，

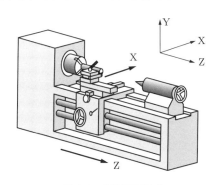

図 1.1　旋盤の軸構成

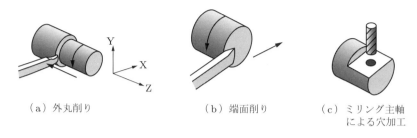

(a) 外丸削り　　　　(b) 端面削り　　　　(c) ミリング主軸
　　　　　　　　　　　　　　　　　　　　　　　による穴加工

図 1.2　旋盤での加工
どの軸のどのような誤差運動が影響を及ぼすか？

円筒度に直接的に影響する．Z軸と主軸の平行度誤差は，加工物を円錐状にする．一方，主軸の軸方向誤差運動や角度位置決め誤差運動（用語集 (9) 参照）などがあったとしても，表面性状（カッターマーク）に影響するかもしれないが，円筒の形状精度には大きくは影響しない．

図 1.2(b) のような端面削りになると，X軸の真直度誤差運動，X軸と主軸の直角度誤差（用語集 (6) 参照），主軸の軸方向誤差運動が加工物の形状精度に影響を及ぼす．あるいは，図 1.2(c) のように，この機械がミリング主軸をもつ複合加工機で，側面に穴あけをする場合，穴の位置や向きの精度は X・Z 軸の直進位置決め誤差，Y軸と主軸の直角度誤差，主軸（C軸）の角度位置決め誤差などが決めるだろう．

これらの例で示したいことは，工作機械に求められる運動精度は，工作機械でどのような加工を行うかによって，まったく異なるということである．当然のことではあるが，本書を通して，このことは忘れるべきではない．

1.2　空間精度の定義

しかし，用途が限定されない汎用の工作機械では，とくに重要な精度を決められない場合が多い．工作機械送り系の機能は，**工具先端点**†をワークに対して相対的に，3次元空間内の指令された位置に移動する，あるいは指定された軌跡に沿って運動することである．可動領域内の任意の指令位置に対し，工具の位置と姿勢の誤差がある一定範囲内であることを保証する，というのが空間精度の基本的な考え方である．

---

† ISO 230-1[A1] では tool center point とよばれているが，JIS B 6190-1[A16] では工具先端点と訳されているので，本書ではこの用語を使う．工具先端点とは工具の機能を代表する点を表す．たとえば，ボールエンドミルであれば球の中心，旋削バイトであれば工具先端とするのが一般的だが，原則的には任意に設定できる．必ずしも物理的な「中心」あるいは「先端」である必要はない．ISO 230-1[A1]（JIS B 6190-1[A16]）に定義された**機能点** (functional point) の一つである．本書では，主軸に切削工具ではなく，基準球などのアーティファクトや，変位センサを付ける場合もあるが，基準球の中心や，変位センサの接触点など，基準あるいは測定器としての機能を代表する点も，工具先端点とよぶことがある．

▶**定義 1.1　3 次元位置決め偏差**

　ワーク座標系において，工具先端点の指令位置を $\bm{p}^* \in \mathbb{R}^3$ で表す[†]．ここで，**ワーク座標系**とは，テーブル上に固定された座標系である（2.3.2 項で詳しく定義する）．このとき，実際の工具先端点の位置を $\bm{p} \in \mathbb{R}^3$ とする．このとき，

$$\Delta \bm{p}(\bm{p}^*) := \bm{p} - \bm{p}^* \tag{1.1}$$

を，本書では **3 次元位置決め偏差**とよぶ．

　一般に，位置決め偏差という語は，直進位置決め偏差（用語集 (4) 参照）と混同されることが多いため，本書では「3 次元」をつけて区別する．ISO 230-1 規格[A1]には，**空間精度**は以下のように定義されている．

▶**定義 1.2　空間精度 (volumetric accuracy)**[A1]

　指令位置 $\bm{p}^*$ に対する 3 次元位置決め偏差 $\Delta \bm{p}(\bm{p}^*)$ の X 成分を，対象とする空間内のすべての点について調べ，その最大範囲（最大値と最小値の差）を $V_{XYZ,X} \in \mathbb{R}$ とする．同様に，Y, Z 成分の最大範囲を $V_{XYZ,Y}, V_{XYZ,Z}$ とする．また，工具の X, Y, Z 軸周りの姿勢誤差の最大範囲を，それぞれ $V_{XYZ,A}, V_{XYZ,B}, V_{XYZ,C}$ とする．これら六つを総称して，**空間精度** V_{XYZ} とよぶ．

　この定義は，厳密に測定可能な物理量というよりは，空間精度の考え方を示したものと理解した方がよい（厳密にこの値を求めるためには，無数の指令位置に対して 3 次元位置決め偏差および姿勢を測定しなければならない）．重要なのは，空間精度を評価するためには，空間内の任意の点で 3 次元位置決め偏差および姿勢を測定する必要があることである．本書では，この測定を広い意味で**空間精度の評価**とよぶ．

　空間精度の評価は，**図 1.3** の測定に帰着される．つまり，3 次元空間内の任意の点の位置 (x, y, z) を測定しなければならない．これは，簡単に見えるかもしれないが，難しい計測問題である．工作機械では，大型機であれば数 m 程度の測定空間で，μm レベルの測定精度が必要とされる．

　5 軸加工機でも空間精度は同様に定義される．ワーク座標系は，テーブル上に固定された座標系であり，テーブル側に回転軸があれば，回転軸と共にワーク座標系も回転する（2.3.2 項参照）．ワーク座標系での（すなわちテーブルから見た）工具先端点の 3 次元位置は，回転軸の誤差運動の影響も受ける．

[†] 本書を通して，記号「$\in \mathbb{R}^3$」は，実数の要素をもつ 3×1 ベクトルであることを表す．実数の要素をもつ $m \times n$ 行列は記号「$\in \mathbb{R}^{m \times n}$」で表す．また，本書では原則的に，ベクトルを太字の記号，スカラー量および行列を細字の記号で表す．

4　第1章　空間精度とは

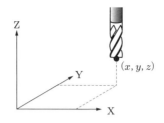

図 1.3　空間精度の測定

空間内の任意の点の 3 次元位置 (x, y, z) を，どのように測定すればよいだろうか？

▶注 1.1

本来，空間精度の定義には工具の位置だけでなく姿勢も含まれる．しかし，本書では簡単のため，姿勢の測定を考えず，3 次元位置決め偏差（式 (1.1)）の評価だけを空間精度の評価とよぶこともある．

1.3　空間精度を評価する意義

工作機械送り系の静的精度の測定法は，ISO 230-1 規格[A1]（JIS B 6190-1 規格[A16]）などに規定されている[†1]．たとえば，

- X 軸の直進位置決め偏差は，レーザ干渉計 (laser interferometer) で測定する（図 1.4）．
- X 軸の Y 方向の真直度偏差は，直定規 (straight edge) と変位計 (linear displacement sensor)[†2] を用いて測定する（図 1.5）．
- X 軸の Z 方向の真直度偏差は，直定規と変位計の向きを変えて測定する．
- X 軸の姿勢誤差（ヨー，ピッチ）は，オートコリメータ (autocollimator) で測定する（図 1.6）．
- X 軸の姿勢誤差（ロール）は，水準計 (precision level) で測定する（図 1.7）．

---

†1 本書では詳しく説明しないが，運動精度の測定の基本なので，知識のない読者は上記の規格や参考書（文献 [50] など）を一読いただきたい．上の測定器はあくまで例で，ほかの測定器も使用できる．ISO/TR 230-11 規格[A7] には，工作機械の運動精度の測定に使う様々な測定器が説明されている．

†2 変位計には様々な測定原理がある．たとえば真直度偏差の測定には，**ダイヤルゲージ** (dial gauge) が使われることが多い．ダイヤルゲージは標準式，てこ式などがある．プランジャの変位を，内蔵されたリニアスケールで測定する高精度な変位計も普及している．**レーザ変位計**（laser displacement sensor，三角測量式や干渉式など様々な測定原理がある）や，**渦電流式変位計** (eddy current displacement sensor)，**静電容量式変位計** (capacitive displacement sensor) など，非接触の変位計もある．それぞれの測定に必要な測定範囲，測定分解能，測定不確かさなどを考慮して，適切な変位計を選ばなければならない．本書では，このような対象物の測定感度方向の変位を測定する測定器を総称して，変位計（変位センサ）とよぶ．

1.3 空間精度を評価する意義　5

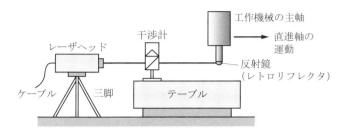

図 1.4　レーザ干渉計による直進位置決め偏差の測定

入射光と反射光の干渉を利用して反射鏡までの距離（変位）を測定する測定器で，工作機械の精度検査に限らず，様々な用途に広く普及している．テーブルに干渉計（ビームスプリッタとコーナキューブを組み合わせた反射鏡）を置くのは，テーブルと主軸の間の相対変位を測定するためである．

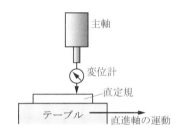

図 1.5　直定規と変位計を用いた直進軸の真直度偏差の測定

直定規は測定面の真直度が十分高い（真直度が較正されている）基準である．この図では垂直方向の真直度偏差を測定しており，紙面に垂直方向の真直度偏差を測定するためには，変位計と直定規の向きを変えればよい．

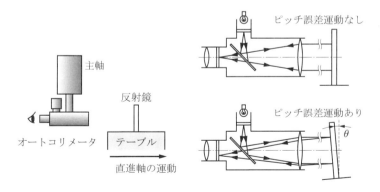

図 1.6　オートコリメータの測定原理の一例

反射鏡の傾きを，反射光の焦点位置の変化から測定する．実際のセットアップは様々なものが普及している．

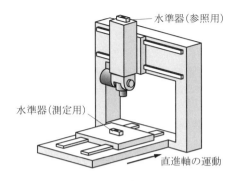

図 1.7 水準器を用いた直進軸の姿勢誤差の測定

水準器は重力方向を基準とした傾きを測定する測定器である．工作機械の精度検査用に，気泡管式と電子式の両方が普及している．一般的なオートコリメータはロール誤差運動が測定できないので，水平軸であれば水準計を使用する．図のように主軸側が運動しない場合でも，参照用の水準器を設置し，測定用の水準器の読みとの差を取ることで，工具–テーブル間の相対的な姿勢誤差を測定する．

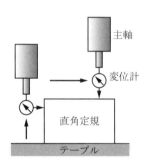

図 1.8 直角定規と変位計を用いた直角度誤差の測定

直角定規は，二つの測定面の直角度が較正された基準である．

- X・Y 軸の直角度誤差は，直角定規 (square) と変位計で測定する（図 1.8）．
- これらすべてを，Y, Z 軸についても繰り返す．

このように，「誤差を一つひとつ測っていく」ことは，運動測定の基本である．これらの測定では，ある誤差運動を測定するとき，その他の誤差運動の影響はできるだけ受けないようにセットアップする．たとえば，レーザ干渉計を用いて直進位置決め偏差を測定するとき，レーザ光は運動方向に平行になるように可能な限り調整する．そのため，レーザ光に垂直な方向の誤差，すなわち真直度偏差や直角度誤差の影響はほとんど受けない．このように，個別の誤差運動を独立に測定することを，Schwenkeら[51]は**直接測定** (direct measurement) とよんでいる．

1.3 空間精度を評価する意義

しかし、このような測定でも、別の誤差運動の影響を受けてしまうケースは珍しくない。測定例で説明する。

例 1.1　姿勢誤差が直進位置決め偏差に及ぼす影響

図 1.9 に示す構造の大型の工作機械で、三つの異なる Y 位置で、X 方向直進位置決め偏差を測定した結果を図 1.10 に示す。Y 位置が 900 mm 変わると、X 軸の直進位置決め偏差が測定長 3000 mm に対して、約 13 µm 異なった。工作機械の検査工程では通常、直進位置決め偏差は一つの位置でしか測定しない（通常は Y 軸ストロークの中央付近で測定するが、この機械では測定器をテーブル上に置くために、テーブルに近い Y 位置で測定するかもしれない）。通常、直進位置決め偏差はピッチエラー補正（用語集 (11) 参照）を使って補正される。たとえば、Y：−1200 mm での測定に基づいて補正値を決めれば、Y：−300 mm では直進位置決め偏差が 13 µm 程度残ることになる。

この例では、Y 位置によって X 軸の直進位置決め偏差が異なる原因は、X 軸のピッチ誤差運動（Z 軸周りの回転誤差運動、用語集 (5) 参照）の可能性が高い。X

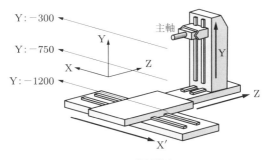

図 1.9　機械構造

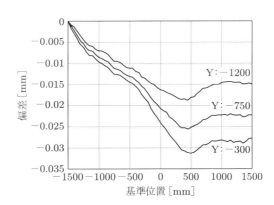

図 1.10　異なる Y 位置で測定された X 軸の直進位置決め偏差

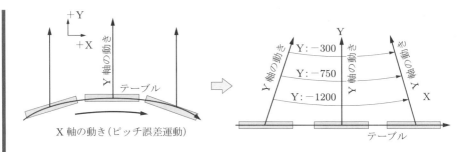

(a) 機械座標系から見たX軸・Y軸の運動　　(b) テーブルから見たY軸の運動

図 1.11　X軸のピッチ誤差運動がX軸の直進位置決め偏差に及ぼす影響

軸のピッチ誤差運動は，案内形状誤差などが原因で生じる．図 1.11(a) に模式的に示すように，X軸のピッチ誤差運動があっても，機械座標系（地面に固定された座標系）から見たY軸の運動は変わらない．しかし，X軸によって駆動されるテーブルから見たY軸の向きは，図 1.11(b) のように，X位置によって異なる．その結果，Y位置によってX軸の移動距離が変わる．

つまり，レーザ干渉計を用いた直進位置決め偏差の測定は，回転誤差運動がある場合，ほかの軸の位置によって変わってしまう．しかし，1直線だけの測定で，それを知ることはできない．

一方，図 1.3 の空間誤差を測定できれば，可動領域内でのあらゆる点で位置誤差を評価できるから，ある軸の運動にほかの軸が影響を及ぼす場合でも，それらの影響をすべて観察できる．測定例を示す．

例 1.2　誤差マップの例

図 1.12 は，図 1.9 に示した機械で，格子状に与えられた指令点に対する，実際の工具端位置の3次元位置決め偏差を拡大して表示した測定例である．ここでは見やすいように，例 1.1 の測定と同じZ位置での，XY平面への投影のみを示した．「指令位置」の格子点一つひとつに対し，実際の工具先端点の位置を「実際の位置」の格子点が表している．両者の差は1万倍に拡大して表示している．すなわち，図中の 500 mm が誤差 50 μm に対応する（これを「誤差の縮尺」とよぶ）．このような誤差を拡大した軌跡の図は，本書ではしばしば使うので，慣れてほしい．

図 1.12 から，Y軸の方向がX位置によって異なること，それによってX軸の「長さ」がY位置によって異なることがわかる．これが例 1.1 で観察した誤差である．

図 1.12 のように，3次元空間内に多数与えられている指令位置に対する3次元位

1.3 空間精度を評価する意義

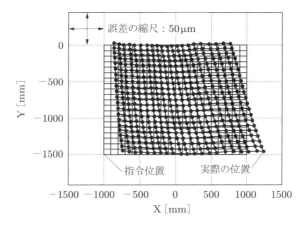

図 1.12 工作機械の XY 平面の誤差マップの例
長方形の格子点が指令位置を，黒丸の格子点が実際の工具端位置を表す．指令位置と実際の位置の差は，1万倍に拡大されている（図中の 500 mm が 50 μm に対応する）．

置決め偏差を示した図を，本書では**誤差マップ** (error map) とよぶ．なお，図 1.12 はすべての格子点で 3 次元位置決め偏差を直接測定したわけではなく，各軸の幾何誤差を測定し，幾何学モデルを使って構築した．詳しくは 5.3 節で述べる．

例 1.3 誤差マップの例 2

もう一つの測定例として，図 1.13 に示す機械構造の誤差マップを図 1.14 に示す．この機械は例 1.1 の機械より小さいが，それでも Z 軸の向きが X 位置によって顕著に異なることが観察できる．この機械の X 軸ははり構造であるため，X 軸の案内の真直度偏差が生じやすい．それにより，X 軸のピッチ誤差運動が生じ，図 1.15 に模式的に示すように，Z 軸の向きが X 位置によって変化する．様々な Y,Z 位置 (X1〜X7) で，X 軸の直進位置決め偏差をレーザ干渉計で測定した結果を

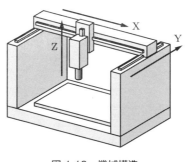

図 1.13 機械構造

10   第 1 章   空間精度とは

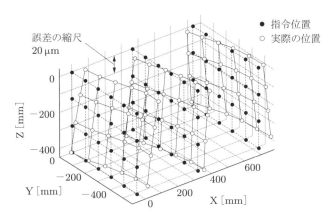

図 1.14   誤差マップの測定例

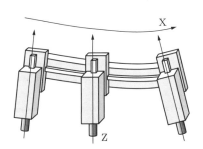

図 1.15   X 軸のピッチ誤差運動が Z 軸の向きに及ぼす影響の模式図

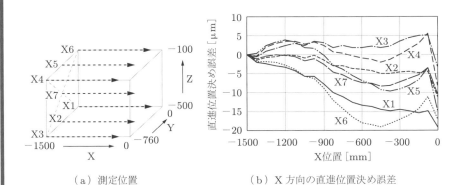

(a) 測定位置   (b) X 方向の直進位置決め誤差

図 1.16   様々な Y, Z 位置で測定した X 方向の直進位置決め誤差

Y, Z 位置が異なると X 方向の直進位置決め誤差が異なる原因は,おもに X 軸の姿勢誤差であるが,ほかの原因もある.

図 1.16 に示す．測定長 1500 mm に対して，測定場所の違いにより最大 25 μm 程度の差が出ている．これは上述の X 軸のピッチ誤差運動が大きな原因であるが，ほかの原因も複合して影響している．

従来の「一つひとつの誤差運動を，独立に測定する」原則は，誤差の原因を特定するためには重要で，工作機械の精密な製造・組み立てに必要であることは疑いはない．しかし，すべての軸のすべての誤差運動を測定するには，多大な時間と手間がかかる．詳しくは 2.1 節で述べるが，一つの直進軸に対し，直進位置決め誤差運動，真直度誤差運動（2 方向），回転誤差運動（3 方向）の計六つを，異なる測定器，あるいは異なるセットアップで測定する必要がある．これを 3 軸，繰り返す．2 軸間の直角度誤差（X・Y 軸，Y・Z 軸，Z・X 軸）は別に測定する．すなわち，計 $6 \times 3 + 3 = 21$ 回の測定が必要である．回転軸が加わると，測定数はさらに増える．

より本質的な問題は，従来の測定は，工具端の 3 次元位置（図 1.3）を直接に測定しているわけではないことである．1.1 節に述べたように，機械の運動が異なれば，異なる誤差原因が加工精度に影響を与えるようになる．工作機械が実際の工具経路に沿って動くときの，工具先端点の 3 次元軌跡を測定できれば，それが究極的な運動精度評価といえる．それが空間精度の測定である．

1.4 本書の目的

従来の 1 直線上での運動誤差の測定と比べて，図 1.12 や図 1.14 に示した誤差マップを評価することの意義は明らかだろう．難しいのは，それをどのように測定するかという点にある．図 1.3 に示した空間精度の直接測定を行うことができる，追尾式レーザ干渉計（5.5 節）など新しい測定器が登場しているが，この難しい計測問題は現在でも決定的な解決法はない．円運動精度試験（5.1 節）や対角線測定（5.2 節）は，機械は多軸運動をするものの，測定は 1 次元であり，空間誤差の一部（ある直線への投影）を測定しているといえる．回転軸に対しては，直進軸と回転軸の同期運動を利用して，主軸とテーブルの間の相対変位を 3 次元測定する方法が提案されている．これは空間誤差の直接測定とはいえないが，その考え方を現実的に実現可能な形で取り入れた測定法といえる．本書の目的の第一は，このような運動測定法を解説することである．

空間誤差が存在して，それが許容値を満たしていなければ，原因を突きとめ，調整を行わなければならない．また，近年のコンピュータ数値制御 (CNC) システムは，様々な誤差運動を数値的に補正する機能をもっている．それを活用するために，各軸

の誤差運動を数値化することは必要不可欠である．空間誤差には様々な軸の，様々な誤差運動が重畳して現れる．空間誤差から一つひとつの誤差運動を分離するために，送り系の幾何学モデルを利用する．このようなアプローチを，Schwenke ら[51] は**間接測定** (indirect measurement) とよんでいる．また，この幾何学モデルを，文献 [49] は**形状創成理論**とよんでいる．本書の目的の第二は，この理論と実用的な応用を解説することである．

第2章　運動軸の幾何誤差

本章の目的は大きく二つある．一つは幾何誤差の定義を示し，その記号を定義することである．もう一つは座標系を定義することである．重要なのは後者で，2.1.3 項の機械座標系，2.3 節の軸座標系の定義は，第 3 章の幾何学モデルの導出に直結する．

2.1　直進軸の幾何誤差

2.1.1　直進軸の誤差運動（位置依存幾何誤差）

直進軸（X 軸とする）の案内に沿って，移動体を指令距離 $x \in \mathbb{R}$ だけ移動するときを考える．この直進軸の運動誤差として最初に思い浮かべるのは，移動距離の誤差，すなわち送り方向（X 方向）の位置の誤差だろう（図 2.1(a)）．これは**直進位置決め誤差運動**とよばれる．しかし，誤差はこの方向だけではない．たとえば，図(b)のように案内に形状誤差があれば，送りと垂直方向の位置の誤差が生じる．これは**真直度誤差運動**とよばれる．図(b)は Y 方向の誤差だが，Z 方向の真直度誤差運動もある．また，案内の形状誤差により，図(c)のように移動体の向きの誤差が生じる場合もある．送り方向が X 方向のとき，X 軸周りの誤差を**ロール**，Y 軸周りを**ピッチ**，Z 軸周りを**ヨー**とよぶ†．移動体がどこに，どのような向きに位置決めされるかは，以上の三つの並進誤差，三つの姿勢誤差で完全に記述できる．誤差運動の用語は用語集にも示した．

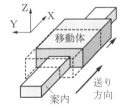
（a）直進位置決め偏差 E_{XX}

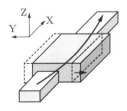
（b）真直度偏差 E_{YX}

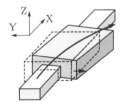
（c）姿勢偏差 E_{CX}

図 2.1　直進軸の誤差運動とその記号（X 軸の例）

---

† 鉛直方向の送り軸の場合には，ピッチ・ヨーの方向を一意に決められないため，通常ピッチ・ヨーとはよばない．

図 2.2 には，この六つの誤差運動を表す記号も示した．本節で示す記号は，ISO 230-1[A1]（JIS B 6190-1[A16]）附属書 A に規定されている．図 2.3(a) に，記号の意味を示す．下添え字の最初の記号が誤差の方向（A～C は X～Z 軸周りの姿勢誤差，X～Z は並進誤差），2 番目の記号が軸の名前を表している．

これら**誤差運動**は，位置 x が変わると変化する．つまり，位置 x の関数である．そのため，本書では**位置依存幾何誤差** (position-dependent geometric errors) とよぶこともある．なお，図 2.2 の姿勢誤差（E_{AX}, E_{BX}, E_{CX}）の正負は，たとえば Z 軸

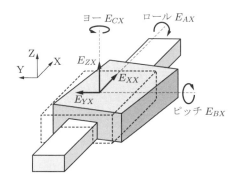

記号[A1]	説明
E_{XX}	直進位置決め偏差
E_{YX}	真直度偏差（Y 方向）
E_{ZX}	真直度偏差（Z 方向）
E_{AX}	ロール（X 軸周り）
E_{BX}	ピッチ（Y 軸周り）
E_{CX}	ヨー（Z 軸周り）

図 2.2 直進軸の誤差運動（位置依存幾何誤差）とその記号（X 軸の例）

(a) 誤差運動
（位置依存幾何誤差）

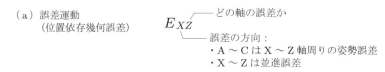

(b) 軸平均線の幾何誤差
（相対的な定義）

(c) 軸平均線の幾何誤差
（絶対的な定義）

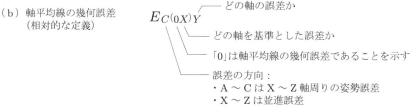

図 2.3 ISO 230-1 規格[A1] 附属書 A に規定された幾何誤差の記号の意味

周りの回転 E_{CX} の場合，−Z 側から見て時計回り（進行方向に対し**右ねじの方向**）を正とする．図 2.1(c) の例は，$E_{CX} < 0$ である．回転角度の正負は，本書を通してこの原則で定める．

2.1.2 直進軸の軸平均線の幾何誤差

前節の誤差運動は軸単体の誤差であるのに対し，複数の軸を接続することにより生じる誤差もある．図 2.4(a) の直進 2 軸間の直角度誤差は，組み立て誤差によって生じる．**直角度誤差**とは，図 (b) に示すとおり，直進 2 軸の運動軌跡の**基準直線** (reference straight line) の角度の（直角からの）誤差と定義される．基準直線とは，ISO 230-1[A1]（JIS B 6190-1[A16]）で定義された用語で，直進軸の運動軌跡の平均の向き・位置を表す直線である．運動軌跡の**最小二乗平均線**（運動軌跡と平均線の差の二乗和が最小となるように定めた平均線）などが使われることが多いが，上記の規格では一つに決められていない（用語集 (3) 参照）．誤差運動は軸の移動に伴い変動するのに対し，直角度の誤差は基準直線の誤差であり，一定値である．両者は明確に区別すべきである†．

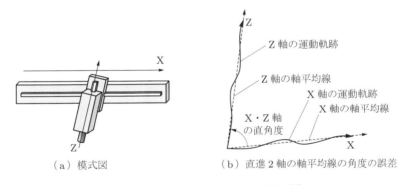

(a) 模式図　　　　　(b) 直進 2 軸の軸平均線の角度の誤差

図 2.4　直角度誤差の定義（X・Z 軸の例）

直進 3 軸（X, Y, Z 軸）には，図 2.5 に示す三つの直角度誤差が定義される．同図には，直角度誤差を表す記号も示した．記号の意味を図 2.3(b) に示す．下添え字の括弧内の「0」は，軸平均線（基準直線）の誤差であることを示している．直角度誤差の正負の定義は 2.1.1 項と同様であるが，基準の軸に対するもう一つの軸の方向を表すことに注意が必要である．たとえば，X 軸に対する Y 軸の直角度誤差 $E_{C(0X)Y}$ は，Y 軸が Z 軸周りに正方向に傾く方向，すなわち X・Y 軸間の角度が 90° より大

---

† 直進軸の基準直線は，回転軸の軸平均線（2.2 節を参照）と対応する概念であり，本書では，回転軸と用語を統一して，直進軸の場合も軸平均線とよぶこともある．

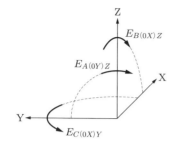

記号[A1]	説明
$E_{C(0X)Y}$	X軸に対するY軸の直角度誤差
$E_{B(0X)Z}$	X軸に対するZ軸の直角度誤差
$E_{A(0Y)Z}$	Y軸に対するZ軸の直角度誤差

図 2.5 直進 3 軸の軸平均線の幾何誤差とその記号

きいのが正である．同じ X・Y 軸間の直角度誤差を，Y 軸に対する X 軸の直角度誤差 $E_{C(0Y)X}$ と表現することもできる．その場合，X 軸が Z 軸周りに正方向に傾く方向，つまり X・Y 軸間の角度が 90°より小さいのが正となる．両者の意味に違いはないが，どちらを使うかによって，第 3 章の幾何学モデルは変わる．誤差運動（位置依存幾何誤差），軸平均線の誤差を総称して，本書では**幾何誤差** (geometric errors, kinematic errors) とよぶ†．

2.1.3 機械座標系

2.1.1 項では座標系について触れなかった．しかし，X, Y, Z 方向の誤差を論じる前に，X, Y, Z 方向とはどの方向かを定義すべきである．座標系の考え方を理解することは，第 3 章の幾何学モデルを理解するために非常に重要である．

ここで考える問題は次のとおりである．3 次元空間内に，X, Y, Z 軸送り系の実際の運動を表す 3 本の軌跡が与えられる．真直度偏差があれば，軌跡は直線ではないし，直角度誤差があれば，それぞれの軌跡は直交しない．このとき，座標系はどのように定義すればよいだろうか（**図 2.6** 参照）? 本書で**座標系** (coordinate system) とは，互いに直交する 3 本の直線（X, Y, Z 軸）の組を意味する．**座標系を定義する**とは，X, Y, Z 軸を表す 3 本の直線の向きと，**原点** (origin)，すなわち 3 本の直線の交点の位置を決めることを指す．本書で X 軸，Y 軸，Z 軸とは，機械の直進軸の実際の運動を表す軌跡ではなく，この直線を表す．ISO 841[A8]（JIS B 6310[A21]）には，工作機械の機械座標系の X, Y, Z 軸の向きは，右手系（**図 2.7**）に従うと定められている．

図 2.8 に座標系の決め方の一つを示す．最初に理解すべきことは，3 次元空間の中で座標系の向きを決めるには，三つの方向を拘束する必要があることである．

- まず X 軸を，X 方向の運動軌跡の基準直線に一致する方向に定義する．これで，

---

† 「幾何誤差」という用語は ISO 規格にも明確な定義がなく，様々な意味で用いる場合がある．たとえば，2.3 節で示す回転軸の軸平均線の幾何誤差を「幾何誤差（偏差）」とよぶ文献も多い．

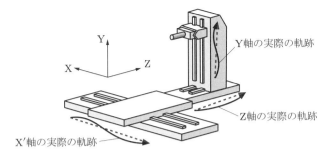

図 2.6 「機械座標系を定義する」とは

X, Y, Z 軸の実際の運動軌跡が与えられたとき,座標系をどの位置に,どの向きに設定するか?

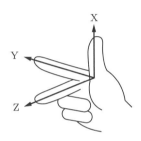

図 2.7 右手系の座標系の向き

座標系の二つの向き(Y, Z 軸周り)を拘束したことになる.

- 残り一つ,X 軸周りの向きはこれだけでは決まらない(図 2.8(a)).そこで,座標系の Y 軸の方向を X 方向および Y 方向の運動軌跡の基準直線を含む平面上にあり,かつ座標系の X 軸に垂直な方向に決める(図 2.8(b)).

Y 方向の運動軌跡の基準直線は,X 方向の運動軌跡の基準直線と直交するとは限らないので,座標系の Y 軸を Y 方向の運動軌跡の基準直線に合わせることはできないことに注意すること.これで,座標系の 3 軸の向きを拘束できた.座標系の Z 軸は X, Y 軸に直交するので,自動的に決まる.

注意すべきなのは,座標系の向きは任意に設定可能であり,上記はあくまで例に過ぎないことである.たとえば,最初に座標系の Y 軸を,Y 方向の運動軌跡に合わせてもよい(図 2.8(c)).

ISO 230-1[A1](JIS B 6190-1[A16])では,このように直進 3 軸の運動を基に定義される座標系を,**機械座標系** (machine tool coordinate system) とよんでいる.実際の工作機械では,各軸のストローク端にリミットスイッチをもっており,それを原点として,エンコーダで測定された各軸の移動体の位置を「機械座標」とよぶことが多

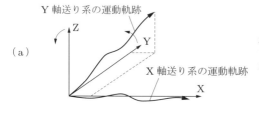
（a） 機械座標系のX軸を，X軸送り系の基準直線に合わせた状態．座標系の向きは，X軸周りにはまだ拘束されていない．

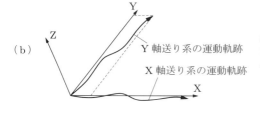
（b） 機械座標系のY軸を，Y軸送り系の基準直線がXY面上に乗るように設定．機械座標系の向きは完全に拘束された．

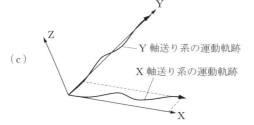
（c） 機械座標系のY軸を，Y軸送り系の基準直線に合わせて設定した例．

図 2.8 機械座標系の定義の例

い．本書の機械座標系はこれとは異なり，機械の運動を基準に定められる仮想的な座標系である．機械座標系の原点は原則的に，任意の位置に設定できる．ストローク端や治具上の基準点など，物理的な点を原点としてもよいが，軸の向きを機械の運動を基準に決めたように，原則的には原点の位置も物理的な基準点とは切り離して定義されるべきである．

なお，機械座標系は機械の運動の基準直線を基に定義されるので，2軸間の直角度誤差は，ある軸の基準直線の，機械座標系に対する向きの誤差と定義することもできる．たとえば，図 2.8(a) のように，機械座標系のX軸をX方向の運動軌跡の基準直線に一致するように定義したとする．X・Y軸の直角度誤差は，Y方向の運動軌跡の軸平均線と，機械座標系の向きの間の誤差と定義できる．ISO 230-1[A1] では，この誤差を E_{C0Y} と表記する（図 2.3(c)）．記号の添え字の2字目が「0」で，基準となる軸が省略された場合，機械座標系を基準とした誤差と解釈される．ただし，この記号は機械座標系の定義によって意味が変わる場合があり，本書では図 2.3(c) の記号は使わない．

2.2 回転軸の幾何誤差──機械座標系を基準とした定義

回転軸の誤差運動として最初に思い浮かべるのは，**割り出し角度**の誤差だろう．これは直進軸の直進位置決め偏差に対応し，**角度位置決め偏差** (angular positioning deviation) とよばれる．たとえば，Z軸周りの回転軸（C軸）であれば，Z軸周りの角度の誤差であるから，E_{CC} と表記される．これはたとえば，基準割り出しテーブル (reference indexing table) やポリゴンミラー (optical polygon) を回転軸上に設置し，オートコリメータ等を用いて計測される（図2.9）．しかし，回転軸の誤差運動はこれだけではない．

- 図2.10(a)のように，**径方向誤差運動**[†]は，回転に伴って回転軸がX, Y方向へ変位する運動を表し，E_{XC} および E_{YC} と表記される．回転軸上に基準球や基

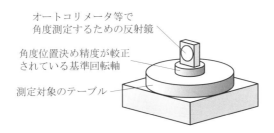

図2.9 基準割り出しテーブルを使った回転テーブルの角度位置決め偏差の測定
測定対象の回転テーブルをある角度に割り出し，基準割り出しテーブルをその正負逆の角度に割り出す．オートコリメータ等で基準割り出しテーブルの角度を測定する．基準割り出しの角度位置決め偏差はあらかじめ較正されている．

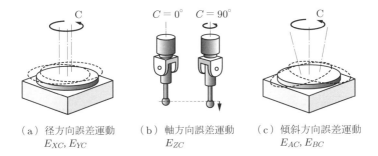

(a) 径方向誤差運動
E_{XC}, E_{YC}

(b) 軸方向誤差運動
E_{ZC}

(c) 傾斜方向誤差運動
E_{AC}, E_{BC}

図2.10 回転軸の誤差運動の例

[†] 一般に**振れ**とよばれることが多いが，ISO 230-7[A5]（JIS B 6190-7[A20]）では，誤差運動を測定して得られた変位を「振れ」とよんでいる．径方向誤差運動は運動そのものを表す用語である．軸方向誤差運動の測定値も同様に「振れ」である（用語集(10)参照）．

準円筒を設置し，ダイヤルゲージなどの変位計で計測するのが一般的である（図 2.11）．

- **軸方向誤差運動**は，回転軸の軸方向（Z 方向）への変位（E_{ZC}）である．回転テーブルの場合，ウォブリング（wobbling）などとよばれることもある．たとえば，図 2.10(b) のように，主軸側回転軸に軸方向誤差運動があれば，回転角度によって，主軸端の Z 位置が異なることになる．**図 2.12** のように測定する．
- 図 2.10(c) のように，**傾斜方向誤差運動**は，回転に伴う，回転軸の X, Y 軸周りの姿勢の変化（E_{AC} および E_{BC}）である．回転軸上に基準円筒を設置し，異なる Z 位置で回転振れを測定する（**図 2.13**）[†]．

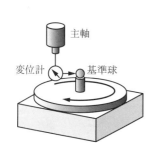

図 2.11 基準球と変位計を用いた回転テーブルの径方向誤差運動の測定

図 2.12 基準球と変位計を用いた主軸側回転軸の軸方向誤差運動の測定

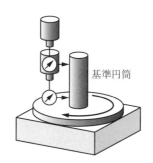

図 2.13 基準円筒と振れを複数の位置で測定することによる回転テーブルの傾斜方向誤差運動の測定

[†] 図 2.10(c) では，わかりやすいように，回転軸が円錐面上を回転するように描いたが，実際にはこのような誤差は，基準円筒と回転軸との平行度誤差によって生じ，回転軸の誤差運動ではない．厳密には，傾斜誤差運動とは，円錐状の誤差軌跡からの変動を表す．同様のことは，径方向誤差運動の測定についてもいえる（基準球を使って径方向誤差運動を計測するとき，基準球と回転中心との位置ずれがあると，ある方向から測定する変位は正弦波状になる．これは回転軸の誤差ではない）．

2.2 回転軸の幾何誤差——機械座標系を基準とした定義

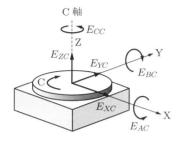

記号[A1]	説明
E_{XC}	径方向誤差運動（X方向）
E_{YC}	径方向誤差運動（Y方向）
E_{ZC}	軸方向誤差運動（Z方向）
E_{AC}	傾斜方向誤差運動（X軸周り）
E_{BC}	傾斜方向誤差運動（Y軸周り）
E_{CC}	角度位置決め誤差運動（Z軸周り）

図 2.14 回転軸の誤差運動（角度依存幾何誤差）を表す記号

図 2.14 は，回転軸（C 軸を例とする）の誤差運動を表す記号を示す．記号の意味は直進軸に対する図 2.3(a) と同じである．これらは回転角度と共に変化するため，直進軸の場合と同様，**角度依存幾何誤差**とよぶ．

なお，図 2.14 の回転テーブル（C 軸）の回転方向の正負は，右ねじの向き，すなわち $-Z$ 方向から見て時計回りに回るのが負と定義される．これは，ワークから見た工具の回転の向きが，右ねじの向きが正となるように定義するという原則のためである．図 2.14 の C 軸はワーク側の回転軸であるため，右ねじとは逆の回転方向が正となる．図 2.10(b) のような工具側の回転軸の場合，右ねじの方向が正の回転方向となる．これらは，ISO 841[A8]（JIS B 6310[A21]）に規定されている[†1]．

一方，回転軸の軸平均線の幾何誤差も，直進軸の場合と同様に定義する．回転軸が所定の角度だけ回転したときの，回転軸の位置・姿勢の平均を表す直線を，**軸平均線** (axis average line) とよぶ．軸平均線の位置・姿勢の誤差を，**軸平均線の幾何誤差**とよぶ[†2]．図 2.15 は回転軸の軸平均線の幾何誤差の例を示す．

(a) 回転軸平均線の
位置誤差 E_{X0C}, E_{Y0C}

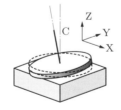
(b) 回転軸と直進軸の
直角度誤差 E_{A0C}, E_{B0C}

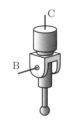
(c) 回転軸と回転軸の
直角度誤差 $E_{A(0C)B}$

図 2.15 回転軸の軸平均線の誤差の例

[†1] ただし本書では，誤差運動（図 2.14 の E_{CC} など）の回転方向の向きは，回転軸がワーク側であっても工具側であっても，右ねじの向き，すなわち回転中心である直進軸の負側から見て時計回りを正と定義する．

[†2] ISO 230-7[A5] では location errors とよばれている．日本語の論文では「幾何誤差（偏差）」とよぶ場合も多いが，本書では角度依存幾何誤差（誤差運動）と明確に区別するため，こうよぶ．

- 図 (a) は，CNC 内に記憶された回転軸の位置と，実際の回転軸の位置の差を表す．これを回転軸の**軸平均線の位置誤差**とよぶ．
- 図 (b) は，回転軸の軸平均線と，直進軸の軸平均線との直角度誤差を表す．
- 図 (c) は，二つの回転軸の軸平均線間の直角度誤差である．

表 2.1 は，C 軸の軸平均線の幾何誤差を示す．記号の意味は図 2.3(c) と同様である．これらの誤差は，機械座標系を基準に定義する．機械座標系の原点を，回転軸の本来の位置（CNC システムが想定する位置）にとる．したがって，軸平均線の位置誤差（E_{X0C} と E_{Y0C}）は，機械座標系の原点から見た，C 軸の軸平均線の位置の誤差を表すが，これは，CNC システムに記憶された回転軸の位置と実際の位置の差を意味する（図 2.15(a)）．2.1.3 項のとおり，機械座標系の向きは直進軸の軸平均線を基準に定義されるので，軸平均線の姿勢誤差（E_{A0C} と E_{B0C}）は，回転軸と直進軸の軸平均線の角度の誤差を表す（図 2.15(b)）．

表 2.1　回転軸の軸平均線の幾何誤差（C 軸の例）

記号	説明
E_{X0C}	C 軸平均線の位置誤差（X 方向）
E_{Y0C}	C 軸平均線の位置誤差（Y 方向）
E_{A0C}	C 軸平均線の方向の誤差（X 軸周り）
E_{B0C}	C 軸平均線の方向の誤差（Y 軸周り）

図 2.14 の角度依存幾何誤差は六つであるのに対し，表 2.1 の軸平均線の幾何誤差が四つしかないのは，後者が軸平均線という 1 本の直線を記述するためのパラメータだからである．この直線を記述するために，Z 位置（E_{Z0C}）と Z 周りの向き（E_{C0C}）は必要ない．一方，角度依存幾何誤差は回転に伴い，回転軸が軸平均線からどのように変動するかを表すので，E_{ZC} と E_{CC} も定義される．

▶注 2.1　回転軸の感度方向

1.1 節で述べたように，回転軸の運動精度の評価は，回転軸がどのような加工に用いられるかを考えて行うべきである．たとえば，図 1.1 のような Y 軸をもたない普通旋盤で，仮に図 1.2(a) の外丸削りしか行わないのであれば，ワーク主軸（C 軸）の運動精度の評価は，図 2.11 のような方法で径方向誤差運動を測定するだけでよい．このとき，変位計の位置・向きは，刃物台の工具（バイト）の位置・向きと同じとする．加工物の形状に影響を及ぼすのは，径方向誤差運動のこの方向の成分だけだからである．

加工点（機能点）において，加工物表面に垂直な方向を**感度方向**（sensitive direction）とよぶ．この外丸削りの例は，感度方向がつねに同じ方向である場合で

あり，**固定感度方向**（fixed sensitive direction）とよぶ．たとえば，回転テーブルをもつ立形マシニングセンタで，回転テーブルを使って旋削を行う場合には，工具の向きはX方向・Y方向のいずれも可能である．この場合は，複数の感度方向をもつことになる．一方，たとえば中ぐり加工（図2.16）のように，感度方向が回転に同期して変化する場合を**回転感度方向**（rotating sensitive direction）とよぶ．また，円形ではない加工物をNC旋削する場合（図2.17），感度方向，すなわち加工物に垂直な方向は，加工点における半径方向と一致しない．このような場合は，感度方向が回転角度の関数として変化すると解釈することができ，**変動感度方向**（varying sensitive direction）とよぶ．

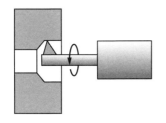
図2.16 中ぐり加工（回転感度方向の例）

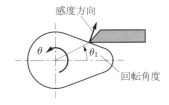
図2.17 カム旋削（変動感度方向の例）

　回転軸の用途が中ぐり加工であれば，図2.11のような方法で，固定感度方向の測定を行っても，実際の加工のときの誤差を評価できているとは限らない．変位計を2方向（X・Y方向）に設置し，回転軸の回転角度と同期して測定することで，径方向誤差運動を回転感度方向で評価する方法が，ISO 230-7[A5]（JIS B 6190-7[A20]）に規定されている．同様に，変動感度方向で評価する方法も規定されている．

　回転軸の構造が完全に軸対称であれば，径方向誤差運動はどの方向から測定しても同じである．しかし，たとえばX方向とY方向で剛性が異なるとき，感度方向によって誤差運動が異なることは決して珍しくない．これは，ダイレクトドライブでなく，ウォームギアなどの動力伝達機構をもつ回転テーブルなどで見られる（回転軸の動力伝達機構は，6.1節の注6.3で簡単に説明する）．

　回転テーブルを使ってワークの角度を割り出し，同じX・Y位置で穴加工を行う場合（図2.18）は，回転軸の2次元の誤差運動がすべて穴のX・Y位置に影響する．つまり，旋削の場合と異なり，回転テーブルの径方向誤差運動だけでなく，角度位置決め偏差も評価しなければならない．これはISO 230-7[A5]では，**回転軸誤差運動の2次元効果**（2D effect of axis of rotation error motion）とよばれる．

　図2.14に示したすべての誤差運動を評価できれば，回転軸の誤差運動を完全に

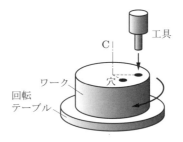

図 2.18 回転軸誤差運動の 2 次元効果の例
回転テーブル（C 軸）を使ってワークの角度を割り出し，同じ X・Y 位置で穴加工を行う場合.

評価したことになる．しかし，回転軸の用途（加工法）が決まっていれば，そのすべてを評価する必要はない．

2.3 回転軸の軸平均線の幾何誤差——軸座標系を基準とした定義

2.3.1 軸座標系を基準とした定義とは

前節の幾何誤差は，一つの機械座標系を基準に定義した．ISO 230-1[A1] はこのような定義だけを示しているが，複数の回転軸がつながる軸構成では不便な場合がある．例として，図 2.19 に示す C 軸，A 軸を考える†．たとえば，図 2.20(a) のように回転テーブルが水平のとき（$A = 0°$），C 軸と X 軸の直角度誤差は，C 軸平均線の Y 周りの向きの誤差 E_{B0C}（あるいは $E_{B(0X)C}$）と表される．しかし，図 (b) のように $A = -90°$ のときは，同じ誤差が C 軸の Z 周りの向きの誤差 E_{C0C}（あるいは $E_{C(0X)C}$）となる．すなわち，基準となる座標系が一つであるため，A 軸の角度によって誤差の表現が異なる．

座標系の一つの軸が A 軸の回転中心軸と一致し，A 軸と共に回転するような座標系を **A 軸座標系**とよぶ．この座標系から見れば，C 軸と X 軸の直角度誤差は，A 角度にかかわらず同じ方向となる．つまり，C 軸の傾きを X 軸に対して定義するのではなく，A 軸に対して定義する．このような幾何誤差の定義を，本書では**軸座標系を基準とした定義**とよぶ．第 3 章の幾何学モデルを理解するために，軸座標系の考え方

---

† A, C 軸角度の正の向きは，図中に示したとおりである．5 軸加工機の回転軸角度の正負は，ISO 841[A8]（JIS B 6310[A21]）に規定されている．原則的に回転軸の正負は，ワークから見た工具の向きが 2.1.1 項に示した角度の正負の定義に従うように定義される．すなわち，たとえば図 2.19 の C 軸は，ワーク側の回転軸であるので，$-Z$ 側から見て時計回りが負方向となる．一方，工具側の回転軸では，回転軸の負方向から見て時計回りが正方向となる．なお，ISO 841[A8]（JIS B 6310[A21]）規格では，ワーク側の軸を「′」を付けて区別する．本書では原則的にこれに従うが，煩雑さを避けるために付けないときもある．

2.3 回転軸の軸平均線の幾何誤差——軸座標系を基準とした定義　25

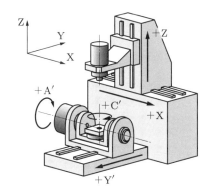

図 2.19　テーブル旋回形 5 軸加工機の軸構成の例（A, C 軸）

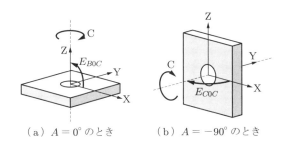

（a）$A = 0°$ のとき　　（b）$A = -90°$ のとき

図 2.20　A 軸の角度によって C, X 軸の直角度誤差表現が異なる例

を理解することは必要不可欠である．

2.3.2　テーブル旋回形 5 軸加工機の例

2.2 節のように，ただ一つの座標系，すなわち機械座標系しかなければ，軸平均線の幾何誤差は，機械座標系に対する軸平均線の位置と向きの誤差として定義される．複数の回転軸があり，それぞれの軸平均線に対して軸座標系が定義されれば，軸平均線の幾何誤差とは，ある軸座標系の，別の軸座標系に対する位置と向きの誤差として定義される．このことを，例を用いて説明する．

例 2.1　テーブル旋回形 5 軸加工機の軸平均線の幾何誤差の定義

図 2.19 のテーブル旋回形 5 軸加工機[†] の回転 2 軸を例として，軸座標系を基準とした幾何誤差の定義を説明する．ここでは軸平均線の幾何誤差だけを考え，それ以

[†] 図 2.19 のように，テーブル側（ワーク側）に回転 2 軸をもつ 5 軸加工機を，**テーブル旋回形 5 軸加工機**とよぶ．図 2.24 のように，主軸側（工具側）に回転 2 軸をもつ 5 軸加工機を**主軸頭旋回形 5 軸加工機**とよぶ．図 2.26 のように，主軸側に回転 1 軸，テーブル側に回転 1 軸をもつ 5 軸加工機を**テーブル・主軸頭旋回形 5 軸加工機**とよぶ．

外の誤差は存在しないものとする．

機械座標系とA軸座標系の関係を記述する軸平均線の幾何誤差

2.1.3項のとおり，機械座標系の原点は，任意に設定できる．ここでは，A軸とC軸のノミナルな交点を原点とする．**ノミナルな交点**とは，CNCシステムが想定する（誤差がない場合の）交点の意味であり，本書を通して「ノミナルな (nominal)」という用語はこの意味で用いる．A軸，C軸のノミナルな位置は，工具先端点制御（3.2.1項参照）を行うために必要であるため，CNCシステム内に記憶されている．機械座標系のX, Y, Z軸を，それぞれ ^rX, ^rY, ^rZ 軸とよぶ．

次に，**A軸座標系** (A-axis coordinate system) を定義する．A軸座標系のX, Y, Z軸を，それぞれ ^aX, ^aY, ^aZ 軸とよぶ．機械座標系の3次元空間の中に，A軸の軸平均線を表す直線が与えられる．これは回転軸の実際の運動を表すもので，A軸とX軸とが平行であるとは限らないし，機械座標系の原点を通るとは限らない．^aX軸は，A軸の軸平均線に一致すると定義する．A軸が回転すると，A軸座標系は同じ角度だけ，^aX軸周りに回転する．つまり，A軸座標系とは，A軸の被駆動体に乗った人から見た座標系である．

「A軸座標系を定義する」とは，たとえば**図2.21**(a)のような状態で，^aX軸，^aY軸，^aZ軸の位置と向きを決めることである．3次元空間内にA軸の軸平均線を表す直線が与えられたとき，A軸座標系の原点の位置と，その向きは，どのように一意に決めたらよいだろうか？

同じように，回転テーブル（C軸）と共に回転する座標系，すなわち回転テーブルの上に乗っている人から見た座標系を**ワーク座標系** (workpiece coordinate system) とよぶ（**C軸座標系**とよんでもよい）．これは図2.21(b)で表される．3次

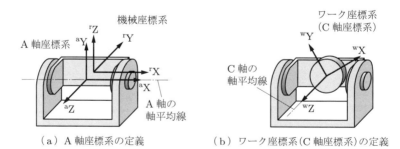

(a) A軸座標系の定義　　　　(b) ワーク座標系(C軸座標系)の定義

図2.21 「軸座標系を定義する」とは
3次元空間内に軸平均線を表す直線が与えられたとき，共に回転する座標系の位置と向きを，どのように設定するか？

2.3 回転軸の軸平均線の幾何誤差——軸座標系を基準とした定義   27

元空間内にC軸の軸平均線を表す直線が与えられたとき，ワーク座標系（C軸座標系）の原点の位置と，その向きは，どのように一意に決めたらよいだろうか？

まず，A軸座標系の定義を考えよう（図2.22(a)）．座標系を定義するには，機械座標系に対する，三つの角度と，原点の位置を決める必要がある．$^a X$軸をA軸

(a)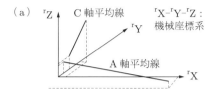

$^r X$-$^r Y$-$^r Z$：機械座標系

機械座標系の3次元空間内に，AおよびC軸平均線を表す直線が与えられる．

(b)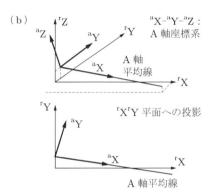

$^a X$-$^a Y$-$^a Z$：A軸座標系

A軸座標系を定義する．
・$^a X$軸はA軸平均線に一致することが重要．
・$^a Y$軸の向きは$^a X$軸に垂直であれば任意に決められる．ここでは$^r Y^r Z$平面への投影が$^r Y$軸に平行になる向きに．
・原点も，A軸平均線上にあればよい．ここでは$^r X = 0$の位置に設定．

(c)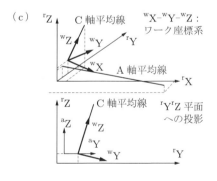

$^w X$-$^w Y$-$^w Z$：ワーク座標系

ワーク座標系を定義する．
・$^w Z$軸はC軸平均線に一致することが重要．
・$^w Y$軸の向きは$^w Z$軸に垂直であれば任意に決められる．ここでは$^r X^r Y$平面への投影が$^a Y$軸に平行になる向きに．
・原点の設定も任意．ここでは$^a Z = 0$の位置に．

(d)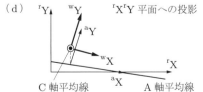

A軸座標系の別の定義の例．
・$^a X$軸はA軸平均線に一致する．
・この例では，原点のX位置を，C軸平均線のX位置と同じに設定する．
・ワーク座標系の定義は変わらないので，A軸およびワーク座標系の原点のX位置は同じとなる．

図2.22 A軸座標系，ワーク座標系の定義の手順

の軸平均線に一致させることで，二つの角度（機械座標系の Y 軸周りおよび Z 軸周りの向き）を拘束できた．A 軸座標系の定義で重要なのは，^aX 軸が A 軸の軸平均線に一致すること，座標系が ^aX 軸周りに回転することで，それ以外は，基本的に任意に決めることができる．ここでは以下のように定義する．

- $A = 0°$ のときの ^aY 軸の向きは，^aY 軸の $^rY^rZ$ 面への投影が ^rY 軸に平行となるものとする．
- ^aX 軸は A 軸の軸平均線と一致するから，A 軸座標系の原点はもちろん A 軸の軸平均線上にある．ここでは，A 軸座標系の原点は，A 軸の軸平均線と，$^rX = 0$ との交点に設定する．

以上を図 2.22(b) に示した．

このように定義された，A 軸座標系の位置・向きを機械座標系に対して記述するためには，どのようなパラメータが必要だろうか？

- まず，A 軸座標系の $^rY, {}^rZ$ 軸周りの向きを表す二つのパラメータが必要である．これらは，A 軸平均線の向きを表す．
- しかし，A 軸座標系の ^rX 軸周りの方向は，上述のとおり，機械座標系に合わせて定義されるので，機械座標系が与えられれば自動的に決まる．
- 次に，A 軸座標系の原点の $^rY, {}^rZ$ 位置が必要で，これらは A 軸平均線の（$^rX = 0$ での）Y, Z 位置を表す．
- しかし，A 軸座標系の原点の ^rX 位置は，つねに機械座標系の原点の X 位置と一致する．

したがって，表 2.2(a) に示す四つのパラメータがあれば，機械座標系から見た，A 軸座標系の位置・向きを記述できる．α^0_{AR} と δx^0_{AR} は機械座標系に合わせて自動的に決まるので，不要である．表 2.2(a) の「説明 1」は座標系の定義という観点からの意味，「説明 2」は軸平均線の幾何精度という観点からの意味である．つまり，軸平均線の幾何誤差とは，機械座標系に対する軸平均線の位置と姿勢の誤差を表すが，同時に機械座標系と軸座標系の位置・姿勢関係を表すパラメータといえる．図 2.23 には，記号の意味を示す[†]．たとえば，β^0_{AR} は機械座標系（「R」は機械座標系を意味する）に対する A 軸平均線の ^rY 軸周りの傾きを意味する．

[†] 図 2.23 および後述の図 2.28 の記号は，図 2.3 に示した ISO 230-1[A1] に規定された記号とは大きく異なる．本書では，図 2.3 は機械座標系を基準とした定義，図 2.23, 2.28 は軸座標系を基準とした定義，と明確に使い分け，両方を使う．なお，図 2.23, 2.28 の記号は文献 [49] の記号を継承したものである．

2.3 回転軸の軸平均線の幾何誤差——軸座標系を基準とした定義

表 2.2 テーブル旋回形 5 軸加工機（図 2.19）の回転軸の軸平均線の幾何誤差（軸座標系を基準とした定義）

(a) 機械座標系と A 座標系の関係を記述する軸平均線の幾何誤差

記号	説明 1	説明 2
β_{AR}^0	A 軸座標系の ^rY 軸周りの向き	A 軸と X 軸の平行度（Y 軸周り）
γ_{AR}^0	A 軸座標系の ^rZ 軸周りの向き	A 軸と X 軸の平行度（Z 軸周り）
δy_{AR}^0	A 軸座標系の原点の ^rY 位置	A 軸の位置誤差（Y 方向）
δz_{AR}^0	A 軸座標系の原点の ^rZ 位置	A 軸の位置誤差（Z 方向）

(b) A 軸座標系とワーク座標系の関係を記述する軸平均線の幾何誤差

記号	説明 1	説明 2
α_{CA}^0	ワーク座標系の ^aX 軸周りの向き	C 軸と Y 軸の直角度（X 軸周り）
β_{CA}^0	ワーク座標系の ^aY 軸周りの向き	C 軸と A 軸の直角度
δx_{CA}^0	ワーク座標系の原点の ^aX 位置	C 軸の位置誤差（X 方向）
δy_{CA}^0	ワーク座標系の原点の ^aY 位置	C 軸と A 軸の交差度誤差（Y 方向）

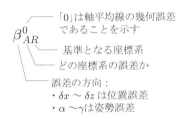

図 2.23 軸平均線の幾何誤差（軸座標系基準）

A 軸座標系とワーク座標系の関係を記述する軸平均線の幾何誤差

すでに述べたように，ワーク座標系とは，回転テーブル（C 軸）に固定された座標系，つまり，回転テーブル上に乗った人から見た座標系である（C 軸座標系）．ワーク座標系の X, Y, Z 軸を，それぞれ $^wX, ^wY, ^wZ$ 軸と表す．3 次元空間内に，C 軸平均線を表す直線が与えられる．ワーク座標系の ^wZ 軸は，C 軸の軸平均線に一致すると定義する．C 軸の回転と共に，ワーク座標系は ^wZ 軸周りに回転する．ワーク座標系の原点は，もちろん C 軸平均線上にある．C 軸座標系の定義で重要なのはここまでで，それ以外は基本的に任意に設定できる．ここでは以下のように設定する．

- $C = 0°$ のときの ^wX 軸および ^wY 軸の向きは，C 軸の初期角度の誤差を表す．ここでは ^wY 軸の $^rX^rY$ 面への投影が，^aY 軸に平行となる方向に拘束する．
- ワーク座標系の原点の Z 位置は，A 軸平均線の $^wX = 0$ での Z 位置，すなわ

ち $^aZ = 0$ の位置に設定する．
- ワーク座標系の原点は C 軸平均線上にあるので，Z 位置を決めれば X, Y 位置は自動的に決まる．

これで，ワーク座標系の位置・向きを六つとも定義できた．以上を図 2.22(c) に示した．

すなわち，ワーク座標系の向きは，A 軸座標系における C 軸平均線の向きを表し，原点の X, Y 位置は C 軸平均線の A 軸座標系における（$^aZ = 0$ での）X, Y 位置を表すことになる．表 2.2(b) に示す四つのパラメータがあれば，A 軸座標系を基準に，ワーク座標系の位置と向きを定義できる．ワーク座標系の原点の Z 位置（δz^0_{CA}），および ^aZ 軸周りの向き（γ^0_{CA}）は，A 軸座標系に合わせて自動的に決定されるので，不要である．

表 2.2(a) と (b) を合わせた計八つのパラメータがあれば，機械座標系に対する，ワーク座標系の位置・姿勢を記述できる．これが，図 2.19 に示した構成の回転 2 軸に対して必要十分な，軸平均線の幾何誤差となる．

▶注 2.2 座標系の定義の任意性について

機械座標系と同様，軸座標系の定義にも任意性がある．重要なのは，軸座標系の一つの軸が A 軸または C 軸平均線に一致していることだけで，それ以外は基本的に任意に決められる．たとえば，A 軸座標系の原点の X 位置は，例 2.1 では機械座標系の原点の X 位置に合わせて定義した（^aX 軸は A 軸平均線と一定するので，原点の Y, Z 位置は X 位置を決めれば自動的に決まる）．しかし，A 軸座標系の原点は，以下のように定義してもよい．

- A 軸座標系の原点の X 位置を，C 軸平均線の（$^rZ = 0$ における）X 位置に合わせて定義する．
- A 軸座標系の ^rX 軸周りの向きは，機械座標系に合わせるのではなく，C 軸平均線の向きに合わせて定義する．

図 2.22(d) にこれを図示した．この場合，

- A 軸座標系の ^rY 軸，^rZ 軸周りの向きは，機械座標系から見た A 軸平均線の向きを，
- A 軸座標系の ^rX 軸周りの向きは C 軸平均線の ^rX 軸周りの向きを，
- A 軸座標系の原点の Y, Z 位置は（$^rX = 0$ における）A 軸平均線の位置を，
- A 軸座標系の X 位置は C 軸平均線の（$^rZ = 0$ における）X 位置を，

2.3 回転軸の軸平均線の幾何誤差——軸座標系を基準とした定義

表 2.3 テーブル旋回形 5 軸加工機（図 2.19）の軸平均線の幾何誤差の表 2.2 と異なる定義

記号	説明 1	説明 2
α_{AR}^0	A 軸座標系の ^rX 軸周りの向き	C 軸と Z 軸の平行度（X 軸周り）
β_{AR}^0	A 軸座標系の ^rY 軸周りの向き	A 軸と X 軸の平行度（Y 軸周り）
γ_{AR}^0	A 軸座標系の ^rZ 軸周りの向き	A 軸と X 軸の平行度（Z 軸周り）
δx_{AR}^0	A 軸座標系の原点の ^rX 位置	C 軸の位置誤差（X 方向）
δy_{AR}^0	A 軸座標系の原点の ^rY 位置	A 軸の位置誤差（Y 方向）
δz_{AR}^0	A 軸座標系の原点の ^rZ 位置	A 軸の位置誤差（Z 方向）
β_{CA}^0	ワーク座標系の ^aY 軸周りの向き	C 軸と A 軸の直角度
δy_{CA}^0	ワーク座標系の原点の ^aY 位置	C 軸と A 軸の交差度誤差（Y 方向）

表すことになる．このように A 軸座標系を定義した場合，機械座標系に対する A 軸座標系の位置・向きを表す軸平均線の幾何誤差は，**表 2.3** の最初の 6 個となる．

このとき，ワーク座標系の X 位置と X 軸周りの方向は，A 軸座標系と同じであるから，自動的に決定される．また，例 2.1 と同様に，ワーク座標系の Z 位置と Z 軸周りの方向は，A 軸座標系に合わせて定義されるので，不要である．したがって，A 軸座標系から見た，ワーク座標系の位置・向きを記述するのに必要なパラメータは，原点の ^aY 位置，および ^aY 軸周りの傾きの，二つのみとなる．これが表 2.3 の最後の 2 個である．表 2.2 と表 2.3 の軸平均線の幾何誤差は異なるが，まったく同じ A, C 軸平均線を記述したものであり，当然，軸平均線の幾何誤差の総数は変わらない．

▶注 2.3 **主軸の軸平均線の幾何誤差について**

工具先端点を原点として，主軸回転の軸平均線（工具軸方向）を Z 軸方向とし，主軸と共に回転する座標系を**主軸座標系**とよぶ．主軸平均線と Z 軸の平行度誤差や，主軸回転の誤差運動も考慮しなければならない場合には，主軸座標系も幾何学モデルに加える必要がある．**表 2.4** は，主軸座標系の位置と向きを定義する軸平均線の幾何誤差を示す．図 2.19 の軸構成では，主軸は Z 軸に搭載されているので，Z

表 2.4 主軸座標系を定義する幾何誤差（主軸の軸平均線の幾何誤差）

記号	説明 1	説明 2
α_{SZ}^0	主軸座標系の ^zX 軸周りの向き	主軸平均線と Z 軸の平行度（X 軸周り）
β_{SZ}^0	主軸座標系の ^zY 軸周りの向き	主軸平均線と Z 軸の平行度（Y 軸周り）
δx_{SZ}^0	主軸座標系の原点の ^zX 位置	工具先端点の主軸平均線からのずれ（X 方向）
δy_{SZ}^0	主軸座標系の原点の ^zY 位置	工具先端点の主軸平均線からのずれ（Y 方向）
δz_{SZ}^0	主軸座標系の原点の ^zZ 位置	工具先端点と主軸基準位置の距離の誤差（Z 方向）

軸座標系（${}^zX$–${}^zY$–${}^zZ$）を基準に主軸座標系を定義した．また，Z 軸座標系の原点は，主軸平均線上の主軸基準位置にあると定義した（通常，主軸には主軸平均線に垂直な基準面があり，**主軸ゲージライン**（spindle gauge line）とよばれる）．そのため，$\delta x^0_{SZ}, \delta x^0_{SZ}, \delta z^0_{SZ}$ は主軸平均線から見た工具先端点の位置誤差を表す．第 5, 6 章に示す測定法の多くは，主軸を回転しない．また，工具先端点の位置だけが測定に影響を及ぼし，工具の向きは影響しない場合が多い．そのため本書では，議論を簡単にするために，主軸座標系は考慮しない．

2.3.3 その他の機械構造の例

例 2.2 主軸頭旋回形 5 軸加工機

図 2.24 に示す主軸頭旋回形 5 軸加工機の，回転 2 軸の軸平均線の幾何誤差を定義する（表 2.5）．例 2.1 では，機械座標系からワーク座標系へと座標系を定義したが，この軸構成では，工具先端点を原点として，C 軸および B 軸と共に回転する**工具座標系**を最初に定義し，そこから機械座標系へとたどっていく方が理解しやすい．

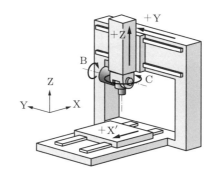

図 2.24 主軸頭旋回形 5 軸加工機の軸構成の例（C, B 軸）

機械座標系の 3 次元空間内に，B, C 軸平均線を表す 2 本の直線，および工具先端点を表す点が与えられる．それに対し，工具座標系，B 軸座標系，C 軸座標系，Z 軸座標系の四つの座標系を以下のように定義する．図 2.25 は，それらの位置・向きの関係を模式的に表したものである．

工具座標系と B 軸座標系の関係を記述する軸平均線の幾何誤差

工具座標系 ${}^tX$–${}^tY$–${}^tZ$ の定義で重要なのは，

- 原点の X, Y, Z 位置は工具先端点と一定こと
- ${}^tY$ 軸周りに B 軸と共に回転すること

2.3 回転軸の軸平均線の幾何誤差——軸座標系を基準とした定義

表 2.5 主軸頭旋回形 5 軸加工機（図 2.24）の軸平均線の幾何誤差

記号	説明 1	説明 2
δx^0_{BT}	工具座標系に対する B 軸座標系の原点の X 位置	工具先端点から見た B 軸平均線の X 位置
δz^0_{BT}	工具座標系に対する B 軸座標系の原点の Z 位置	工具先端点から見た B 軸平均線の Z 位置
δx^0_{CB}	B 軸座標系に対する C 軸座標系の原点の X 位置	B 軸平均線と C 軸平均線の交差度誤差（X 方向）
δy^0_{CB}	B 軸座標系に対する C 軸座標系の原点の Y 位置	工具先端点から見た C 軸平均線の Y 位置
α^0_{CB}	B 軸座標系に対する C 軸座標系の X 軸周りの向き	B 軸と C 軸の直角度誤差
γ^0_{CB}	B 軸座標系に対する C 軸座標系の Z 軸周りの向き	$C = 0°$ のときの B 軸平均線の Z 軸周りの向きの誤差
α^0_{RC}	C 軸座標系に対する Z 軸座標系の X 軸周りの向き	C 軸と Z 軸の平行度誤差（X 軸周り）
β^0_{RC}	C 軸座標系に対する Z 軸座標系の Y 軸周りの向き	C 軸と Z 軸の平行度誤差（Y 軸周り）

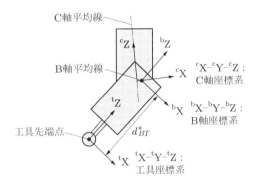

図 2.25 主軸側回転 2 軸（C, B 軸）の軸座標系

である．それ以外は任意に定義できる．ただし，注 2.3 の主軸座標系と異なり，工具（主軸）の回転とは関係がない．ここでは主軸の軸平均線の幾何誤差はないものとする．

- 工具座標系の向きは，B 軸座標系の向きとまったく同じとする．つまり，B 軸座標系が定義されれば，工具座標系の三つの向きも自動的に決まる．

B 軸座標系 $^bX-^bY-^bZ$ は，^bY 軸が B 軸の軸平均線と一致し，B 軸と共に回転する．それ以外の位置・向きは任意に設定できる．ここでは，以下のようにする．

- $B = 0°$ のときの ^{b}X, ^{b}Z 軸の向きは，$C = 0°$ のときの C 軸座標系の向きと同じとする．
- B 軸座標系の原点の Y 位置は，B 軸平均線上であれば任意にとることができる．ここでは工具座標系の原点と同じ Y 位置とする．

これで，B 軸座標系の位置・向きを六つとも定義できた．

工具座標系から見た B 軸座標系の位置と向きを記述するには，上記の定義から，原点の X, Z 位置を表す二つのパラメータだけが必要となる（表 2.5 の最初の二つ）．それ以外は，二つの座標系は同じと定義されているため，必要ない．なお，工具先端点から B 軸平均線までのノミナルな距離 d^{*}_{BT} に対する実際の距離の誤差を，δz^{0}_{BT} と定義する．

B 軸座標系と C 軸座標系の関係を記述する軸平均線の幾何誤差

C 軸座標系 ^{c}X–^{c}Y–^{c}Z とは，^{c}Z 軸が C 軸の軸平均線と一致し，C 軸と共に回転する座標系である．それ以外の位置・向きは任意に設定できる．ここでは，以下のようにする．

- $C = 0°$ のときの ^{c}X, ^{c}Y 軸の向きは，Z 軸座標系の向きと同じとする．
- C 軸座標系の原点の Z 位置は，C 軸平均線上であれば任意にとることができ，ここでは B 軸座標系の原点と同じ Z 位置とする．

B 軸座標系から見た C 軸座標系の位置と向きは，上記の定義から，表 2.5 の 3～6 番目の，四つの幾何誤差により表すことができる．

C 軸座標系と Z 軸座標系の関係を記述する軸平均線の幾何誤差

Z 軸座標系とは，原点は C 軸座標系の原点と同じで，Z 軸と共に移動する座標系と定義する．直進 3 軸の誤差運動を考慮しなければ，Z 軸座標系は機械座標系（原点は可動領域内の任意の位置に定義できる）を指令位置 x^{*}, y^{*}, z^{*} だけ平行移動させたもので，Z 軸座標系＝機械座標系と考えてよい．C 軸座標系から見た Z 軸座標系の向きは，表 2.5 の最後の二つの幾何誤差によって記述できる．

例 2.3 テーブル・主軸頭旋回形 5 軸加工機（旋盤形複合加工機）

図 2.26 に示す旋盤形複合加工機の軸平均線の幾何誤差を考える．主軸側に回転 1 軸，ワーク側に回転 1 軸をもつこの構造では，主軸側回転軸（A 軸）は，主軸頭旋回形（図 2.24）の B 軸，ワーク側回転軸（C′ 軸）は，テーブル旋回形（図 2.19）の C 軸と同様に考えればよい．表 2.6 に，回転 2 軸の軸平均線の幾何誤差を示す．こ

2.3 回転軸の軸平均線の幾何誤差──軸座標系を基準とした定義

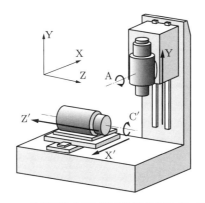

図 2.26 旋盤形複合加工機の軸構成の例（A, C 軸）

表 2.6 旋盤形複合加工機（図 2.26）の軸平均線の幾何誤差

記号	説明 1	説明 2
δy^0_{AT}	工具座標系に対する A 軸座標系の原点の Y 位置	工具先端点から見た A 軸平均線の Y 位置
δz^0_{AT}	工具座標系に対する A 軸座標系の原点の Z 位置	工具先端点から見た A 軸平均線の Z 位置
β^0_{AT}	工具座標系に対する A 軸座標系の Y 軸周りの向き	A 軸と X 軸の平行度誤差（Y 軸周り）
γ^0_{AT}	工具座標系に対する A 軸座標系の Z 軸周りの向き	A 軸と X 軸の平行度誤差（Z 軸周り）
δx^0_{CR}	機械座標系に対するワーク座標系の原点の X 位置	C 軸平均線の位置誤差（X 方向）
δy^0_{CR}	機械座標系に対するワーク座標系の原点の Y 位置	C 軸平均線の位置誤差（Y 方向）
α^0_{CR}	機械座標系に対するワーク座標系の X 軸周りの向き	C 軸と Z 軸の平行度誤差（X 軸周り）
β^0_{CR}	機械座標系に対するワーク座標系の Y 軸周りの向き	C 軸と Z 軸の平行度誤差（Y 軸周り）

こで，工具座標系とは，A 軸によって回転するミリング主軸側の工具先端点を原点とする座標系で，ワーク座標系とは，C' 軸上に原点をもち，C' 軸によって回転する座標系である．

例 2.4 傾斜した回転軸をもつ 5 軸加工機

図 2.27 に示すような，回転軸のノミナルな方向が，直進軸と平行でない軸構成であっても，同様の考え方で軸平均線の幾何誤差を定義することができる．この構造の場合，機械座標系を X 軸周りに −45° 回転した座標系を定義すると便利であ

り（この座標系の Y 軸が B 軸のノミナルな方向に一致する），これを便宜的に**機械座標系（A：−45°傾斜）**とよぶ．機械座標系（A：−45°傾斜）の原点は例 2.1 のテーブル旋回形と同様，B 軸と C 軸のノミナルな交点である．B 軸の軸平均線の幾何誤差は，この機械座標系（A：−45°傾斜）に対して定義する．**表 2.7** に，回転 2 軸の軸平均線の幾何誤差を示す．

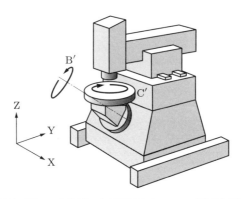

図 2.27 直進軸に対して 45°傾いた回転軸をもつテーブル旋回形 5 軸加工機の軸構成の例（B, C 軸）

表 2.7 直進軸に対して 45°傾いた回転軸をもつテーブル旋回形 5 軸加工機（図 2.27）の軸平均線の幾何誤差

記号	説明 1	説明 2
α_{BR}^0	B 軸座標系の機械座標系（A：−45°傾斜）に対する X 軸周りの向き	B 軸平均線の向きの誤差（B 軸と Z 軸を含む平面内）
β_{BR}^0	B 軸座標系の機械座標系（A：−45°傾斜）に対する Y 軸周りの向き	B 軸の初期角度の位置決め誤差
γ_{BR}^0	B 軸座標系の機械座標系（A：−45°傾斜）に対する Z 軸周りの向き	B 軸平均線の向きの誤差（B 軸と X 軸を含む平面内）
δx_{BR}^0	B 軸座標系の原点の機械座標系（A：−45°傾斜）の X 方向の誤差	B 軸の位置誤差（X 方向）
δy_{BR}^0	B 軸座標系の原点の機械座標系（A：−45°傾斜）の Y 方向の誤差	C 軸の位置誤差（Y 方向から 45°傾いた方向）
δz_{BR}^0	B 軸座標系の原点の機械座標系（A：−45°傾斜）の Z 方向の誤差	B 軸の位置誤差（Z 方向から 45°傾いた方向）
α_{CB}^0	ワーク座標系の B 軸座標系での X 軸周りの向き	C 軸と B 軸の角度誤差
δx_{CB}^0	ワーク座標系の原点の位置誤差（X 方向）	C 軸と B 軸の交差度誤差（X 方向）

2.4 回転軸の角度依存幾何誤差——軸座標系を基準とした定義

2.2 節に示した回転軸の回転と共に変化する誤差運動，すなわち角度依存幾何誤差も，前節と同様に軸座標系で定義する．例として，図 2.19 に示したテーブル旋回形の 5 軸加工機を対象として，回転 2 軸の角度依存幾何誤差を**表 2.8** に示す．A 軸の角度依存幾何誤差は機械座標系に対して定義され，図 2.14 の定義とまったく同じである．A 軸座標系は，A 角度と共に位置・向きが変化する A 軸の回転中心軸に X 軸が一致し，A 軸と共に回転する座標系である．C 軸の角度依存幾何誤差は，この A 軸座標系に対して定義される点が図 2.14 と異なる．

表 2.8 テーブル旋回形 5 軸加工機（図 2.19）の角度依存幾何誤差の定義

記号	説明 1	説明 2
$\tilde{\alpha}_{AR}(a)$	A 軸座標系の ^{r}X 軸周りの向き	A 軸の角度位置決め誤差運動（X 軸周り）
$\tilde{\beta}_{AR}(a)$	A 軸座標系の ^{r}Y 軸周りの向き	A 軸の傾斜方向誤差運動（Y 軸周り）
$\tilde{\gamma}_{AR}(a)$	A 軸座標系の ^{r}Z 軸周りの向き	A 軸の傾斜方向誤差運動（Z 軸周り）
$\tilde{\delta}x_{AR}(a)$	A 軸座標系の原点の ^{r}X 位置	A 軸の軸方向誤差運動（X 方向）
$\tilde{\delta}y_{AR}(a)$	A 軸座標系の原点の ^{r}Y 位置	A 軸の径方向誤差運動（Y 方向）
$\tilde{\delta}z_{AR}(a)$	A 軸座標系の原点の ^{r}Z 位置	A 軸の径方向誤差運動（Z 方向）
$\tilde{\alpha}_{CA}(a,c)$	ワーク座標系の ^{a}X 軸周りの向き	C 軸の傾斜方向誤差運動（X 軸周り）
$\tilde{\beta}_{CA}(a,c)$	ワーク座標系の ^{a}Y 軸周りの向き	C 軸の傾斜方向誤差運動（Y 軸周り）
$\tilde{\gamma}_{CA}(a,c)$	ワーク座標系の ^{a}Z 軸周りの向き	C 軸の角度位置決め誤差運動（Z 軸周り）
$\tilde{\delta}x_{CA}(a,c)$	ワーク座標系の原点の ^{a}X 位置	C 軸の径方向誤差運動（X 方向）
$\tilde{\delta}y_{CA}(a,c)$	ワーク座標系の原点の ^{a}Y 位置	C 軸の径方向誤差運動（Y 方向）
$\tilde{\delta}z_{CA}(a,c)$	ワーク座標系の原点の ^{a}Z 位置	C 軸の軸方向誤差運動（Z 方向）

C 軸の軸平均線は，C 軸が回転するときの中心軸の位置・向きの平均を表す 1 本の直線であるから，C 軸の角度にかかわらず一定であり，Z 位置および Z 軸周りの向きは定義できない（表 2.2(b) に δz^0_{CA} および γ^0_{CA} はない）．一方，角度依存幾何誤差は C 軸の回転に伴う中心軸の変動を表すから，軸ごとに位置・向きの六つがすべて定義される（$\tilde{\delta}z_{CA}(a,c)$ および $\tilde{\gamma}_{CA}(a,c)$）．

記号上部の ~ は角度依存幾何誤差を表す．括弧内 a, c は，それぞれ A 軸角度 $A = a$，C 軸角度 $C = c$ によって決まる関数であることを示している．A 軸に関するパラメータは，A 軸角度に依存する．一方，C 軸に関するパラメータは，C 軸角度だけでなく，A 軸角度にも依存するとしている．これは，図 2.19 の構造では，A 軸角度が垂直（$A = \pm 90°$）に近づくと，たとえば重力による A 軸軸受の変形等が原因で，C 軸の誤差運動が，テーブルが水平のとき（$A = 0°$）とは異なる場合があるためである．機械構造から軸間の影響がない場合には，このような定義は必要ない（たとえば，

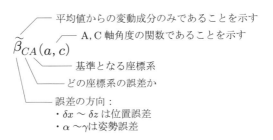

図 2.28 角度依存幾何誤差（軸座標系を基準）

図 2.26 のテーブル・主軸頭旋回形 5 軸加工機など）．**図 2.28** に記号の意味を示す．

軸平均線の幾何誤差は回転軸の位置・向きの平均を表し，角度依存幾何誤差は平均値からの変動を表す．たとえば，A 軸を角度 a_i に割り出したときの，Y 軸周りの姿勢誤差 $\beta_{AR}(a)$ は，

$$\beta_{AR}(a_i) = \beta_{AR}^0 + \tilde{\beta}_{AR}(a_i) \tag{2.1}$$

と表される．言い換えると，軸平均線の幾何誤差は，以下で定義される．

$$\beta_{AR}^0 = \frac{1}{N_a} \sum_{i=1}^{N_a} \beta_{AR}(a_i) \tag{2.2}$$

つまり，角度依存幾何誤差は，以下を満たすように定義される．

$$\sum_{i=1}^{N_a} \tilde{\beta}_{AR}(a_i) = 0 \tag{2.3}$$

ただし，N_a は角度 a_i の数で，たとえば $a_i = -90°, -60°, \cdots, +90°$ と 30° ごとに均等に分割したとすると，$N_a = 7$ である．

▶注 2.4　直進軸の幾何誤差の軸座標系での定義について

2.1 節では，直進軸の幾何誤差（軸平均線の幾何誤差および位置依存幾何誤差）は一つの機械座標系を基準とした定義しか示さなかった．直進 3 軸が積み重なる構成では，本来，回転軸の場合と同様に X 軸移動体と共に移動する **X 軸座標系**，Y 軸移動体と共に移動する **Y 軸座標系**，Z 軸移動体と共に移動する **Z 軸座標系**を定義し，ある軸の幾何誤差はそれを積載する軸の軸座標系を基準に定義すべきである（3.1.3 項の直進軸の幾何学モデルの導出では，実際にこれらの座標系を定義する）．しかし，回転軸の場合と異なり，直進軸の場合は，軸座標系の向きの誤差は，軸の姿勢誤差で生じるだけなので十分小さい．そのため，軸座標系を基準に定義しても，2.1 節の機械座標系を基準とした定義と大きくは変わらないと仮定することができ

る．したがって，本書では，直進軸の幾何誤差は 2.1 節の機械座標系を基準とした定義を使う．第 3 章以降では，直進軸の幾何誤差は ISO 230-1[A1] に規定された記号（E_{XX} など），回転軸の幾何誤差は稲崎らの著作 [49] を継承した記号（δx_{CB} など）を使うが，それはこの理由からである．

第3章 幾何学モデル

工作機械の**幾何学モデル** (kinematic model) の目的は，各軸の指令位置，および各軸の幾何誤差が与えられたとき，ワーク座標系における実際の工具先端点の位置・姿勢と指令との差，すなわち式 (1.1) の空間誤差を定式化することである．このモデルは，本書の内容の基礎である．たとえば第 4 章で述べるように，各軸の幾何誤差が既知のときに，このモデルを使って，それが工具先端点の位置に及ぼす影響をキャンセルするよう補正を行うことができる．あるいは，第 5 章で述べるように，工具先端点の位置を測定したとき，このモデルを逆に使って，各軸の幾何誤差を推定することができる．

幾何学モデルは，第 2 章の軸座標系を基にして，座標変換の考え方を使って導出できる．3 軸機であっても，5 軸機であっても，どのような軸構成でも適用できる強力な理論なので，じっくり理解してほしい．

3.1　直進 3 軸の幾何学モデル

幾何学モデルとは何かを説明するために，最初に，幾何学モデルの例を示す．

例 3.1　直進 3 軸の幾何学モデル（[w b X Y Z (C) t] 構造）

図 3.1 の構造の直進 3 軸を考える．X 軸の上に Y 軸，Y 軸の上に Z 軸が搭載され，Z 軸に工具が付けられる．**軸構造の記号** (designation of configuration) は，[w b X Y Z (C) t] である[†1]．

Z 軸に取り付けられた任意の点（たとえば工具先端点）を，ワーク座標系で与えられた指令位置 ($p^* = [\begin{array}{ccc} x & y & z \end{array}]^T$)[†2] に位置決めする．図 2.2 に示した直進軸の誤差運動（位置依存幾何誤差），および図 2.5 で示した軸平均線の幾何誤差（直角度誤差）が存在するとき，ワーク座標系での工具先端点の位置を $p \in \mathbb{R}^3$ とする．ただ

[†1] この軸構造の記号は，ISO 10791-1 規格[A9] に規定されている．ワーク (w) から工具 (t) までの軸のつながり（幾何学的チェーン (kinematic chain)）を記述する．「b」はベッド（床）を，括弧付きの軸（C）は位置決め制御されない軸（この例の場合は主軸）を表す．

[†2] 本書では原則的に，指令位置を*を付けた記号で表す．本来は x, y, z にも*を付けるべきだが，本章では式を見やすくするために省略した．

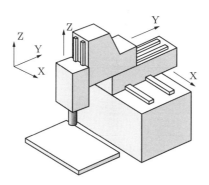

図 3.1 直進 3 軸の構造
軸構造の記号：[w b X Y Z (C) t]

し，ここでワーク座標系とはテーブルに付けられた座標系を表し，図 3.1 のようにテーブルが固定された構造であれば，ワーク座標系は機械座標系（2.1.3 項）と等価である．ワーク座標系の原点は可動領域内の任意の位置に設定できる．式 (1.1) で定義される 3 次元位置決め偏差 $\boldsymbol{p}-\boldsymbol{p}^* := [\ e_x(x,y,z)\ \ e_y(x,y,z)\ \ e_z(x,y,z)\ ]^T$，および X，Y，Z 軸周りの工具の姿勢偏差 $e_a(x,y,z), e_b(x,y,z), e_c(x,y,z)$ は，以下で与えられる．

$$e_x(x,y,z) = E_{XX}(x) + E_{XY}(y) + E_{XZ}(z) + (E_{B(0X)Z}+E_{BX}(x)+E_{BY}(y))z \\ - (E_{C(0X)Y} + E_{CX}(x))\,y \tag{3.1a}$$

$$e_y(x,y,z) = E_{YX}(x) + E_{YY}(y) + E_{YZ}(z) - (E_{A(0Y)Z}+E_{AX}(x)+E_{AY}(y))\,z \tag{3.1b}$$

$$e_z(x,y,z) = E_{ZX}(x) + E_{ZY}(y) + E_{ZZ}(z) + E_{AX}(x)y \tag{3.1c}$$

$$e_a(x,y,z) = E_{AX}(x) + E_{AY}(y) + E_{AZ}(z) \tag{3.1d}$$

$$e_b(x,y,z) = E_{BX}(x) + E_{BY}(y) + E_{BZ}(z) \tag{3.1e}$$

$$e_c(x,y,z) = E_{CX}(x) + E_{CY}(y) + E_{CZ}(z) \tag{3.1f}$$

ここで，$E_\bullet$ は図 2.2 および図 2.5 に示した各軸の幾何誤差である．ただし，直進軸の誤差運動（図 2.2）は，たとえば $E_{XX}(x)$ のように「(x)」を付け，指令位置 x の関数であることを明確にした．

式 (3.1) は，任意の指令軌跡に対する実際の工具先端点の軌跡を計算できるから，直進 3 軸の幾何誤差が既知であるとき，加工物の形状をシミュレートするのに使うことができる．また，予想される誤差をキャンセルするように指令軌跡を修正すれば，

幾何誤差の影響を補正できる（第4章）．さらに式(3.1)は，幾何誤差の間接測定の基本でもある（第5章）．つまり，工具先端点の3次元位置決め偏差を測定すれば，式(3.1)を逆に解いて，各軸の幾何誤差を同定することができる．式(3.1)の重要性は明らかだろう．本章では，式(3.1)のような幾何学モデルの導出法を説明する．

3.1.1　第1の導出法：各軸の幾何的関係を積み上げる方法

例として，X軸のヨー，すなわち$E_{CX}(x)$を考える．図3.1の構造では，Y軸はX軸の上に配置されている．このとき，図3.2に模式的に示すように，X位置によってY軸の運動の向きが変わることになる．これによるX方向の位置誤差は，

$$-E_{CX}(x)y \tag{3.2}$$

である．これが式(3.1a)に入る．

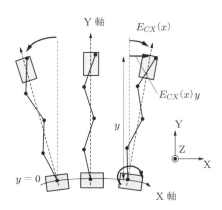

図3.2　X軸のヨー（E_{CX}）がY軸の運動に及ぼす影響の模式図

また，2.1.2項に述べたように，位置依存幾何誤差は，軸の向きの軸平均線の幾何誤差，すなわち直角度誤差からの変動を表すから，軸の向きは位置依存幾何誤差と直角度誤差の和として表される．X・Y軸間の直角度誤差$E_{C(0X)Y}$があるとき，図3.2においてY軸のX軸に対する向きは，$E_{C(0X)Y}$と，X軸のヨーE_{CX}の和となる．したがって，$-E_{C(0X)Y}y$も式(3.1a)に入る．

同じような考え方を，一つひとつの姿勢誤差について考えていくことで，式(3.1)を導出できる．

たとえば，Y軸とZ軸の関係を考えると，Y軸のピッチ$E_{AY}(y)$は，Z軸が指令位置zまで移動したとき，Y方向に位置誤差

$$-E_{AY}(y)z \tag{3.3}$$

を生じさせる．これが式 (3.1b) の中に入る．

▶**注 3.1 機械座標系の原点**

式 (3.1) の幾何学モデルにおいて，機械座標系の原点，すなわち $x = y = z = 0$ の点は機械のどこを表すだろうか．式 (3.2) を見ると，$y = 0$ は，X 軸のヨーの回転中心として，たとえば X 軸案内の中央とするべきと考えるかもしれないが，それは誤りである．2.1.3 項に述べたとおり，機械座標系の原点は任意に設定できる．

たとえば，X 方向の位置偏差 $e_x(x, y, z)$ は，式 (3.1a) から，$y = z = 0$ のとき $e_x(x, y, z) = E_{XX}(x)$ となるが（$E_{XY}(y)$ および $E_{XZ}(z)$ は x に依存しないので，一定値とみなし無視できる），それ以外の y, z では，姿勢誤差の影響を受ける．工具先端点の X 方向の位置偏差 $e_x(x, y, z)$ を測定して，それを X 軸の直進位置決め偏差 E_{XX} とするためには，測定時の Y，Z 位置を $y = z = 0$ とするべきである．このように，機械座標系の原点は機械の誤差運動を測定した位置を基準に決めるのが一般的であるが，それに限られるわけではない．たとえば，機械座標系の原点を，可動領域の端や中央など，わかりやすい位置に設定する場合は，機械の幾何誤差を測定する際の測定位置の影響に注意が必要である．詳しくは 5.3 節で述べる．

3.1.2　同次変換行列と座標変換

(1)　同次変換行列

第 2 の導出法を説明する準備として，最初に**同次変換行列** (homogeneous transformation matrix) を説明する．たとえば，ベクトル $\bm{p} \in \mathbb{R}^3$ を X 方向に $x \in \mathbb{R}$ だけ移動，または X 軸周りに $\alpha \in \mathbb{R}$ だけ回転させる操作は，以下のように表される．

$$\text{平行移動：} \bm{q} = \bm{p} + \begin{bmatrix} x \\ 0 \\ 0 \end{bmatrix}, \quad \text{回転：} \bm{q} = \begin{bmatrix} 1 & 0 & 0 \\ 0 & \cos\alpha & -\sin\alpha \\ 0 & \sin\alpha & \cos\alpha \end{bmatrix} \bm{p} \quad (3.4)$$

平行移動はベクトルの加算，回転は行列との乗算で表されるため，平行移動と回転を両方行う操作の場合，数式は複雑になる．これを整理するための道具が同次変換行列である．X，Y，Z 軸方向の平行移動および X，Y，Z 軸周りの回転を表す同次変換行列を，以下のように定義する．

$$D_x(x) = \begin{bmatrix} 1 & 0 & 0 & x \\ 0 & 1 & 0 & 0 \\ 0 & 0 & 1 & 0 \\ 0 & 0 & 0 & 1 \end{bmatrix}, \quad D_y(y) = \begin{bmatrix} 1 & 0 & 0 & 0 \\ 0 & 1 & 0 & y \\ 0 & 0 & 1 & 0 \\ 0 & 0 & 0 & 1 \end{bmatrix},$$

$$D_z(z) = \begin{bmatrix} 1 & 0 & 0 & 0 \\ 0 & 1 & 0 & 0 \\ 0 & 0 & 1 & z \\ 0 & 0 & 0 & 1 \end{bmatrix}, \quad D_a(\alpha) = \begin{bmatrix} 1 & 0 & 0 & 0 \\ 0 & \cos\alpha & -\sin\alpha & 0 \\ 0 & \sin\alpha & \cos\alpha & 0 \\ 0 & 0 & 0 & 1 \end{bmatrix},$$

$$D_b(\beta) = \begin{bmatrix} \cos\beta & 0 & \sin\beta & 0 \\ 0 & 1 & 0 & 0 \\ -\sin\beta & 0 & \cos\beta & 0 \\ 0 & 0 & 0 & 1 \end{bmatrix}, \quad D_c(\gamma) = \begin{bmatrix} \cos\gamma & -\sin\gamma & 0 & 0 \\ \sin\gamma & \cos\gamma & 0 & 0 \\ 0 & 0 & 1 & 0 \\ 0 & 0 & 0 & 1 \end{bmatrix} \quad (3.5)$$

これを用いれば,式 (3.4) は以下のように書ける.

$$\begin{bmatrix} \boldsymbol{q} \\ 1 \end{bmatrix} = D_x(x) \begin{bmatrix} \boldsymbol{p} \\ 1 \end{bmatrix}, \quad \begin{bmatrix} \boldsymbol{q} \\ 1 \end{bmatrix} = D_a(\alpha) \begin{bmatrix} \boldsymbol{p} \\ 1 \end{bmatrix} \quad (3.6)$$

つまり,ベクトルの平行移動・回転を共に,行列の乗算として記述できる.それらを両方含む操作でも,複数の行列の乗算になる.

同次変換行列はあくまで数式を短くするための「道具」であり,それを用いなくても等価表現は可能である.本書を通して,$D_\bullet(\bullet) \in \mathbb{R}^{4\times 4}$ という記号は,上式の同次変換行列を表すものとする.

(2) 座標変換

幾何学モデルは,座標変換の考え方を基礎としている.簡単な例を使って,座標変換とは何かを説明する.

▶定理 3.1 座標変換

座標系 $^r\mathrm{X}$–$^r\mathrm{Y}$–$^r\mathrm{Z}$ に対し,座標系 $^w\mathrm{X}$–$^w\mathrm{Y}$–$^w\mathrm{Z}$ は Z 軸周りに角度 c だけ回転したものとする (**図 3.3**).座標系 $^r\mathrm{X}$–$^r\mathrm{Y}$–$^r\mathrm{Z}$ での点 $^r\boldsymbol{p} \in \mathbb{R}^3$ が与えられる[†].この点は,座標系 $^w\mathrm{X}$–$^w\mathrm{Y}$–$^w\mathrm{Z}$ ではどの位置にあるだろうか?

このように,ある座標系で与えられた点を,別の座標系に変換することを**座標変換** (coordinate transformation) とよぶ.座標系 $^w\mathrm{X}$–$^w\mathrm{Y}$–$^w\mathrm{Z}$ では,この点は $^r\boldsymbol{p}$ を Z 軸周りに角度 $-c$ だけ回転させた位置に見える.つまり,次のようになる.

$$\begin{bmatrix} ^w\boldsymbol{p} \\ 1 \end{bmatrix} = D_c(-c) \begin{bmatrix} ^r\boldsymbol{p} \\ 1 \end{bmatrix} \quad (3.7)$$

[†] 本書を通じて,ベクトルの左上添え字は,そのベクトルが定義される座標系を示す.たとえば「r」は座標系 $^r\mathrm{X}$–$^r\mathrm{Y}$–$^r\mathrm{Z}$ で定義されたベクトルを表す.

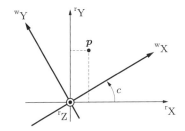

図 3.3 座標変換

座標系 ^rX–^rY–^rZ での点 $\bm{p}$ は，座標系 ^wX–^wY–^wZ ではどこにあると見えるか？

これを一般化すると，以下のように書ける．座標系 ^rX–^rY–^rZ を移動・回転して，別の座標系 ^wX–^wY–^wZ になるものとする．この移動・回転を表す同次変換行列を $^rT_w \in \mathbb{R}^{4\times 4}$ と書く（上の例では，$^rT_w = D_c(c)$．座標系 ^rX–^rY–^rZ 上のベクトル $^r\bm{p} \in \mathbb{R}^3$ は，座標系 ^wX–^wY–^wZ では次のようになる．

$$\begin{bmatrix} ^w\bm{p} \\ 1 \end{bmatrix} = (^rT_w)^{-1} \begin{bmatrix} ^r\bm{p} \\ 1 \end{bmatrix} \tag{3.8}$$

本書を通して，記号 $^rT_w \in \mathbb{R}^{4\times 4}$ は「r」で表される座標系（機械座標系）に対する，「w」で表される座標系（ワーク座標系）の位置・姿勢を表す同次変換行列とする．すなわち，「w」で表される座標系のベクトルを，「r」で表される座標系に座標変換する同次変換行列である．逆に，「r」で表される座標系のベクトルを「w」で表される座標系に変換する同次変換行列は，その逆行列 $(^rT_w)^{-1}$ となる．以下では，次節以降で用いる，座標変換に関連する定理を示しておく．

▶**定理 3.2 微小変位・回転の座標変換**

座標系 ^rX–^rY–^rZ に対し，座標系 ^wX–^wY–^wZ は X, Y, Z 方向に微小量 $\delta x, \delta y, \delta z \in \mathbb{R}$ だけ平行移動し，X, Y, Z 軸周りに微小角度 $\delta a, \delta b, \delta c \in \mathbb{R}$ だけ回転しているとする．座標系 ^rX–^rY–^rZ で定義された点 $^r\bm{p} \in \mathbb{R}^3$ を，座標系 ^wX–^wY–^wZ で見た点 $^w\bm{p} \in \mathbb{R}^3$ は，以下で近似できる．

$$\begin{bmatrix} ^w\bm{p} \\ 1 \end{bmatrix} \approx (^rT_w)^{-1} \begin{bmatrix} ^r\bm{p} \\ 1 \end{bmatrix}, \quad ^rT_w := D_x(\delta x)D_y(\delta y)D_z(\delta z)D_a(\delta a)D_b(\delta b)D_c(\delta c) \tag{3.9}$$

上式において，同次変換行列の交換は，$\delta x \sim \delta c$ が微小量のときのみ成立する．

▶ **定理 3.3　座標系の軸以外の軸を中心とした回転**

座標系 ${}^\mathrm{r}\mathrm{X}\text{--}{}^\mathrm{r}\mathrm{Y}\text{--}{}^\mathrm{r}\mathrm{Z}$ に対する，座標系 ${}^\mathrm{w}\mathrm{X}\text{--}{}^\mathrm{w}\mathrm{Y}\text{--}{}^\mathrm{w}\mathrm{Z}$ の位置・姿勢関係を表す同次変換行列を ${}^rT_w \in \mathbb{R}^{4\times 4}$ とする．座標系 ${}^\mathrm{w}\mathrm{X}\text{--}{}^\mathrm{w}\mathrm{Y}\text{--}{}^\mathrm{w}\mathrm{Z}$ において，同次変換行列 $T \in \mathbb{R}^{4\times 4}$ で表される回転・平行移動は，座標系 ${}^\mathrm{r}\mathrm{X}\text{--}{}^\mathrm{r}\mathrm{Y}\text{--}{}^\mathrm{r}\mathrm{Z}$ では，以下で表される．

$$ {}^rT_w T \, ({}^rT_w)^{-1} \tag{3.10} $$

たとえば，図 3.4 に示すように，座標系 ${}^\mathrm{r}\mathrm{X}\text{--}{}^\mathrm{r}\mathrm{Y}\text{--}{}^\mathrm{r}\mathrm{Z}$ 上での点 ${}^r\boldsymbol{p} \in \mathbb{R}^3$ を，Y 軸に対して角度 $c \in \mathbb{R}$ だけ傾いた ${}^\mathrm{w}\mathrm{Y}$ 軸周りに，角度 $b \in \mathbb{R}$ だけ回転すると，次式で表される座標系 ${}^\mathrm{r}\mathrm{X}\text{--}{}^\mathrm{r}\mathrm{Y}\text{--}{}^\mathrm{r}\mathrm{Z}$ における点 ${}^r\boldsymbol{p}_1 \in \mathbb{R}^3$ に移動する．

$$ \begin{bmatrix} {}^r\boldsymbol{p}_1 \\ 1 \end{bmatrix} = D_c(c) D_b(b) D_c(-c) \begin{bmatrix} {}^r\boldsymbol{p} \\ 1 \end{bmatrix} \tag{3.11} $$

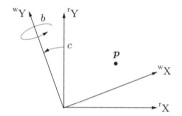

図 3.4　${}^\mathrm{r}\mathrm{Y}$ 軸に対して角度 c だけ傾いた ${}^\mathrm{w}\mathrm{Y}$ 軸周りの回転

▶ **定理 3.4　微小変位・回転の同次変換行列**

一般に，角度 $\Delta a, \Delta b, \Delta c$ および変位 $\Delta x, \Delta y, \Delta z$ が十分小さいとき，以下の近似が成立する．

$$ D_x(\Delta x) D_y(\Delta y) D_z(\Delta z) D_a(\Delta a) D_b(\Delta b) D_c(\Delta c) \approx \begin{bmatrix} 1 & -\Delta c & \Delta b & \Delta x \\ \Delta c & 1 & -\Delta a & \Delta y \\ -\Delta b & \Delta a & 1 & \Delta z \\ 0 & 0 & 0 & 1 \end{bmatrix} \tag{3.12} $$

▶ **定理 3.5**

$\Delta x \sim \Delta c$ がいずれも微小のとき，以下の近似が一般に成立する（$a, b, c \in \mathbb{R}$ は任意）．証明は定理 3.4 を用いればよい．

$$ D_a(a) D_x(\Delta x) D_a(-a) \approx D_x(\Delta x) \tag{3.13a} $$

$$ D_a(a) D_y(\Delta y) D_a(-a) \approx D_y(\Delta y \cos a) D_z(\Delta y \sin a) \tag{3.13b} $$

$$D_a(a)D_z(\Delta z)D_a(-a) \approx D_y(-\Delta z \sin a)D_z(\Delta z \cos a) \tag{3.13c}$$
$$D_a(a)D_a(\Delta a)D_a(-a) \approx D_a(\Delta a) \tag{3.13d}$$
$$D_a(a)D_b(\Delta b)D_a(-a) \approx D_b(\Delta b \cos a)D_c(\Delta b \sin a) \tag{3.13e}$$
$$D_a(a)D_c(\Delta c)D_a(-a) \approx D_b(-\Delta c \sin a)D_c(\Delta c \cos a) \tag{3.13f}$$

$$D_b(b)D_x(\Delta x)D_b(-b) \approx D_x(\Delta x \cos b)D_z(-\Delta x \sin b) \tag{3.14a}$$
$$D_b(b)D_y(\Delta y)D_b(-b) \approx D_y(\Delta y) \tag{3.14b}$$
$$D_b(b)D_z(\Delta z)D_b(-b) \approx D_x(\Delta z \sin b)D_z(\Delta z \cos b) \tag{3.14c}$$
$$D_b(b)D_a(\Delta a)D_b(-b) \approx D_a(\Delta a \cos b)D_c(-\Delta a \sin b) \tag{3.14d}$$
$$D_b(b)D_b(\Delta b)D_b(-b) \approx D_b(\Delta b) \tag{3.14e}$$
$$D_b(b)D_c(\Delta c)D_b(-b) \approx D_a(\Delta c \sin b)D_c(\Delta c \cos b) \tag{3.14f}$$

$$D_c(c)D_x(\Delta x)D_c(-c) \approx D_x(\Delta x \cos c)D_y(\Delta x \sin c) \tag{3.15a}$$
$$D_c(c)D_y(\Delta y)D_c(-c) \approx D_x(-\Delta y \sin c)D_y(\Delta y \cos c) \tag{3.15b}$$
$$D_c(c)D_z(\Delta z)D_c(-c) \approx D_z(\Delta z) \tag{3.15c}$$
$$D_c(c)D_a(\Delta a)D_c(-c) \approx D_a(\Delta a \cos c)D_b(\Delta a \sin c) \tag{3.15d}$$
$$D_c(c)D_b(\Delta b)D_c(-c) \approx D_a(-\Delta b \sin c)D_b(\Delta b \cos c) \tag{3.15e}$$
$$D_c(c)D_c(\Delta c)D_c(-c) \approx D_c(\Delta c) \tag{3.15f}$$

3.1.3 第2の導出法：座標変換による方法

幾何学モデル (3.1) が，座標変換の考え方で導出できることを示そう．簡単な例として，X軸の上にY軸が搭載された構造のXYテーブルを考える．X, Y軸が駆動されたとき，テーブル上に固定された点が，機械座標系上でどこに位置決めされるか求めることが幾何学モデルの目的である．ここで，この点を原点として，テーブルに固定された**ワーク座標系**を定義する．このとき，幾何学モデルの目的は，ワーク座標系の原点が機械座標系でどこにあるか，という座標変換の問題に帰着できる．

図 3.5(a) に模式的に示すように，X軸が距離 x 移動したとき，真直度誤差運動 E_{YX} によってY方向に変位し，かつヨー E_{CX} によってZ軸周りに回転するとする．簡単のため，ここではXY面だけを考える．X軸移動体に固定された座標系を，ここでは**X軸座標系** $^xX^{-x}Y$ とよぶ（もしX軸だけしかなければ，これがワーク座標系である）．誤差がまったくない場合には，機械座標系 $^rX^{-r}Y$ をX方向に x だけ

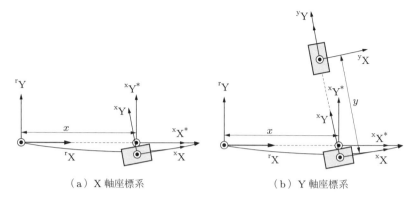

(a) X軸座標系 (b) Y軸座標系

図 3.5 X 軸に固定された X 軸座標系および Y 軸に固定された Y 軸座標系と機械座標系の関係

X 軸の上に Y 軸が搭載された構成を仮定している．X 軸は E_{YX} および E_{CX} をもち，Y 軸の誤差運動はない．

平行移動したものが X 軸座標系となるはずである．これを，ノミナルな X 軸座標系 $^xX^*$–$^xY^*$ とよぶ．ノミナルな X 軸座標系 $^xX^*$–$^xY^*$ の点を機械座標系に変換する同次変換行列は，

$$^rT_{x^*} := D_x(x) \in \mathbb{R}^{4\times 4} \tag{3.16}$$

である．ただし，$D_x(x)$ は式 (3.5) のとおりである．ここでは XY 平面の誤差だけを考えるが，同次変換行列は 3 次元のものを使う．一方，X 軸座標系 ^xX–^xY を，ノミナルな X 軸座標系 $^xX^*$–$^xY^*$ に変換する同次変換行列 $^{x^*}T_x \in \mathbb{R}^{4\times 4}$ は，

$$^{x^*}T_x := D_y(E_{YX})D_c(E_{CX}) \in \mathbb{R}^{4\times 4} \tag{3.17}$$

である．E_{YX}, E_{CX} は共に微小であると仮定し，定理 3.2 より順序は交換可能である．したがって，X 軸座標系の原点は，機械座標系では次式の点 $^r\boldsymbol{p} \in \mathbb{R}^3$ に変換される．

$$\begin{bmatrix} ^r\boldsymbol{p} \\ 1 \end{bmatrix} = {^rT_{x^*}}\,{^{x^*}T_x} \begin{bmatrix} 0 \\ 0 \\ 0 \\ 1 \end{bmatrix} = \begin{bmatrix} x \\ E_{YX} \\ 0 \\ 1 \end{bmatrix} \tag{3.18}$$

図 3.5(a) からもわかるように，X 軸のヨー E_{CX} があっても，X 軸を動かしただけでは，X 軸座標系の原点の位置には影響しない．

次に，図 3.5(b) に示すように，X 軸の上に搭載された Y 軸が距離 y だけ移動したとしよう．このとき，Y 軸の誤差運動はないものとする．Y 軸移動体に固定された

座標系を，Y軸座標系 $^yX\text{-}^yY$ とよぶ（すなわち**ワーク座標系**である）．Y軸座標系 $^yX\text{-}^yY$ の点を X 軸座標系に変換する同次変換行列は，X 軸座標系から見ると Y 軸座標系はまったく誤差がないから，次のようになる．

$$^xT_y := D_y(y) \tag{3.19}$$

X，Y 軸を共に駆動した場合，Y 軸座標系から機械座標系の座標変換を表す同次変換行列は，$^rT_y := {^rT_{x^*}}{^{x^*}T_x}{^xT_y}$ となる．すなわち，Y 軸座標系の原点は機械座標系では，

$$\begin{bmatrix} ^r\boldsymbol{p} \\ 1 \end{bmatrix} = {^rT_{x^*}}{^{x^*}T_x}{^xT_y}\begin{bmatrix} 0 \\ 0 \\ 0 \\ 1 \end{bmatrix} = \begin{bmatrix} x - E_{CX}y \\ E_{YX} \\ 0 \\ 1 \end{bmatrix} \tag{3.20}$$

となる．ただし，$D_c(E_{CX})$ の近似に式 (3.12) を用いた．E_{YX} および E_{CX} が工具先端点 $^r\boldsymbol{p}$ に及ぼす影響は，上式で与えられる．これが式 (3.1a, b) に含まれている．

これを一般化する．図 3.1 の機械構造で，工具先端点を原点とし，Z 軸に固定されて移動する **Z軸座標系**を考える．Z 軸座標系の原点を，機械座標系に変換する行列は，

$$\begin{bmatrix} ^r\boldsymbol{p} \\ 1 \end{bmatrix} = {^rT_x}{^xT_y}{^yT_z}\begin{bmatrix} 0 \\ 0 \\ 0 \\ 1 \end{bmatrix} \tag{3.21}$$

である．図 2.2 および図 2.5 に示した各軸のすべての幾何誤差を考えると，Z 軸座標系から Y 軸座標系への座標変換を表す同次変換行列 ^yT_z，Y 軸座標系から X 軸座標系への同次変換行列 ^xT_y，X 軸座標系から機械座標系への同次変換行列 ^rT_x は，それぞれ以下で与えられる．

$$\begin{aligned}^yT_z := &\, D_z(z)D_x(E_{XZ}(z))D_y(E_{YZ}(z))D_z(E_{ZZ}(z))D_a(E_{AZ}(z)) \\ &\cdot D_b(E_{BZ}(z))D_c(E_{CZ}(z))\end{aligned} \tag{3.22a}$$

$$\begin{aligned}^xT_y := &\, D_y(y)D_x(E_{XY}(y))D_y(E_{YY}(y))D_z(E_{ZY}(y))D_a(E_{AY}(y) \\ &+ E_{A(0Y)Z})D_b(E_{BY}(y))D_c(E_{CY}(y))\end{aligned} \tag{3.22b}$$

$$\begin{aligned}^rT_x := &\, D_x(x)D_x(E_{XX}(x))D_y(E_{YX}(x))D_z(E_{ZX}(x))D_a(E_{AX}(x)) \\ &\cdot D_b(E_{BX}(x) + E_{B(0X)Z})D_c(E_{CX}(x) + E_{C(0X)Y})\end{aligned} \tag{3.22c}$$

ただし，x, y, z は X，Y，Z 軸の指令移動距離である．式 (3.21) に代入し，整理すると

式 (3.1) と同じとなる．ただし，幾何誤差は十分に小さいと仮定し，幾何誤差どうしの積はゼロに近似する．また，定理 3.4 の近似を使う．式 (3.22) には各軸のすべての姿勢誤差（$3 \times 3 = 9$ 個）が含まれているが，式 (3.21) の計算を行うと，式 (3.1) に影響を与える姿勢誤差は五つのみ（$E_{AX}, E_{BX}, E_{CX}, E_{AY}, E_{BY}$）となる．

例 3.2 [w b Y X Z (C) t] 構造の直進 3 軸の幾何学モデル

幾何学モデルは機械の軸構成（どの軸がどの軸の上にあるか）によって異なる．もう一つの例として，図 1.13 に示した構造（軸構造の記号は [w b Y X Z (C) t]）の幾何学モデルを以下に示す．固定されたテーブルから，Y 軸，X 軸，Z 軸の順に搭載された構造である．導出の基本的な考え方はここまでと同じである．

$$\begin{bmatrix} {}^r\boldsymbol{p} \\ 1 \end{bmatrix} = {}^rT_y{}^yT_x{}^xT_z \begin{bmatrix} 0 \\ 0 \\ 0 \\ 1 \end{bmatrix} \tag{3.23}$$

${}^rT_y, {}^yT_x, {}^xT_z$ は式 (3.22) と同様に定義される．整理すると，次のようになる．

$$e_x(x,y,z) = E_{XX}(x) + E_{XY}(y) + E_{XZ}(z) + \left(E_{B(0X)Z} + E_{BX}(x) + E_{BY}(y)\right)z \tag{3.24a}$$

$$e_y(x,y,z) = E_{YX}(x) + E_{YY}(y) + E_{YZ}(z) - \left(E_{A(0Y)Z} + E_{AX}(x) + E_{AY}(y)\right)z$$
$$+ \left(E_{C(0X)Y} + E_{CY}(y)\right)x \tag{3.24b}$$

$$e_z(x,y,z) = E_{ZX}(x) + E_{ZY}(y) + E_{ZZ}(z) - E_{BY}(y)x \tag{3.24c}$$

$$e_a(x,y,z) = E_{AX}(x) + E_{AY}(y) + E_{AZ}(z) \tag{3.24d}$$

$$e_b(x,y,z) = E_{BX}(x) + E_{BY}(y) + E_{BZ}(z) \tag{3.24e}$$

$$e_c(x,y,z) = E_{CX}(x) + E_{CY}(y) + E_{CZ}(z) \tag{3.24f}$$

例 3.3 [w b X Z Y (C) t] 構造の直進 3 軸の幾何学モデル

図 3.6 に示す機械構造（軸構造の記号は [w b X Z Y (C) t]）は，X 軸の上に Z 軸，Z 軸の上に Y 軸が搭載された構成である．横形なので，X・Y・Z の軸の向きが図 3.1 のような立形とは異なる．幾何学モデルは同様に，次のようになる．

$$e_x(x,y,z) = E_{XX}(x) + E_{XY}(y) + E_{XZ}(z) - \left(E_{C(0X)Y} + E_{CX}(x) + E_{CZ}(z)\right)y$$
$$+ \left(E_{B(0X)Z} + E_{BX}(x)\right)z \tag{3.25a}$$

$$e_y(x,y,z) = E_{YX}(x) + E_{YY}(y) + E_{YZ}(z) - \left(E_{A(0Y)Z} + E_{AX}(x)\right)z \tag{3.25b}$$

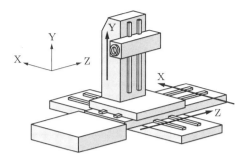

図 3.6 [w b X Z Y (C) t] 構造の直進 3 軸

$$e_z(x,y,z) = E_{ZX}(x) + E_{ZY}(y) + E_{ZZ}(z) + (E_{AX}(x) + E_{AZ}(z))y \quad (3.25c)$$

例 3.4　テーブル側に直進軸をもつ構造の幾何学モデル

これまでの例では，テーブルが固定され，工具が直進軸によって駆動される構造を考えてきた．そのような構造の幾何学モデルは，「工具と共に移動する座標系（工具座標系）の原点が，固定された機械座標系でどの位置にあるか」を求める座標変換の問題に帰着できる．一方，ワークが設置されるテーブルが直進軸で駆動される構造の場合は，テーブルと共に移動する座標系（ワーク座標系）を定義すると，「機械座標系上の工具先端点が，ワーク座標系でどの位置にあるか」を求める座標変換の問題に帰着できる．すなわち，機械座標系で見るか，ワーク座標系で見るかの違いはあるものの，基本的には同様の考え方で導出できる．

例として，図 3.7 に示す構造を考える．ベッドの上に Y' 軸，その上に X' 軸があり，テーブルは X' 軸と共に移動する．軸構造の記号は [w X' Y' b Z (C) t] である．最初に，Z 軸は固定と考え，X', Y' 軸だけの幾何誤差モデルを考えよう．テーブル上のある点を原点として，テーブルと共に移動する座標系をワーク座標系とよぶ．工具先端点を機械座標系の原点と定義する．Z 軸はここでは固定と考えるた

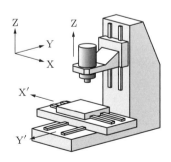

図 3.7 テーブル側に X, Y 軸をもつ [w X' Y' b Z (C) t] 構造の直進 3 軸

め，床から見て機械座標系は動かない．このとき，ワーク座標系で見た機械座標系の原点は，以下で求められる．

$$\begin{bmatrix} {}^w\boldsymbol{p} \\ 1 \end{bmatrix} = {}^wT_r \begin{bmatrix} {}^r\boldsymbol{p} \\ 1 \end{bmatrix}, \quad {}^r\boldsymbol{p} = \begin{bmatrix} 0 \\ 0 \\ 0 \end{bmatrix} \tag{3.26}$$

ここで，${}^wT_r \in \mathbb{R}^{4\times 4}$ は機械座標系からワーク座標系への座標変換行列である．X' 軸に固定された X 軸座標系，Y' 軸に固定された Y 軸座標系をこれまでの例と同様に考えると，以下で与えられる．

$$\begin{align}
{}^wT_r &:= ({}^rT_y {}^yT_x)^{-1} \tag{3.27a} \\
{}^rT_y &:= D_y(-y')D_x(E_{XY}(y'))D_y(E_{YY}(y'))D_z(E_{ZY}(y')) \notag \\
&\quad \cdot D_a(E_{AY}(y'))D_b(E_{BY}(y'))D_c(E_{CY}(y') + E_{C(0X)Y}) \tag{3.27b} \\
{}^yT_x &:= D_x(-x')D_x(E_{XX}(x'))D_y(E_{YX}(x'))D_z(E_{ZX}(x')) \notag \\
&\quad \cdot D_a(E_{AX}(x'))D_b(E_{BX}(x'))D_c(E_{CX}(x')) \tag{3.27c}
\end{align}$$

ただし，$x', y' \in \mathbb{R}$ はそれぞれ X' および Y' 軸の指令位置を表し，X，Y 軸の向きとは正負が逆である[†]．幾何誤差どうしの積（2 次の項）はゼロに近似し，また，定理 3.4 の近似を使うと，式 (3.26) は以下のように整理できる．

$${}^w\boldsymbol{p} = \begin{bmatrix} x' \\ y' \\ 0 \end{bmatrix} + \begin{bmatrix} -E_{XX}(x') - E_{XY}(y') + (E_{CX}(x') + E_{CY}(y') + E_{C(0X)Y})y' \\ -E_{YX}(x') - E_{YY}(y') - E_{CX}(x')x' \\ -E_{ZX}(x') - E_{ZY}(y') + E_{BX}(x')x' - (E_{AX}(x') + E_{AY}(y'))y' \end{bmatrix} \tag{3.28}$$

さらに，工具側の Z 軸も加えた幾何学モデルを考える．$z = 0$ のときの工具先端点を機械座標系の原点とすると，Z 軸により駆動される工具先端点の機械座標系における位置 ${}^r\boldsymbol{p}$ は，

$$\begin{bmatrix} {}^r\boldsymbol{p} \\ 1 \end{bmatrix} = {}^rT_z \begin{bmatrix} 0 \\ 0 \\ 0 \\ 1 \end{bmatrix}$$

[†] ISO 841[A8]（JIS B 6310[A21]）規格では，ワークから見た工具の運動が，右手系の座標系の向きとなるように，直進軸の運動の正負の向きが定められている．つまり，テーブル側の直進軸の正負の向きは，図 3.7 の中の座標系の向きと逆になる．ただし本書では，X' 軸および Y' 軸の誤差運動（$E_\bullet(x')$ および $E_\bullet(y')$）の正負は機械座標系の向きそのままとする．

$$^rT_z \equiv D_a(E_{A(0Y)Z})D_b(E_{B(0X)Z})D_z(z)D_x(E_{XZ}(z))D_y(E_{YZ}(z))D_z(E_{ZZ}(z))$$
$$\cdot D_a(E_{AZ}(z))D_b(E_{BZ}(z))D_c(E_{CZ}(z)), \tag{3.29}$$

となる．これを式 (3.26) の $^r\boldsymbol{p}$ の代わりに代入する．同様に整理すると，次のようになる．

$$\begin{aligned}
e_x(x', y', z) =\ & -E_{XX}(x') - E_{XY}(y') + E_{XZ}(z) \\
& + \left(E_{CX}(x') + E_{CY}(y') + E_{C(0X)Y}\right) y' \\
& - \left(E_{BX}(x') + E_{BY}(y') + E_{B(0X)Z}\right) z & \text{(3.30a)} \\
e_y(x', y', z) =\ & -E_{YX}(x') - E_{YY}(y') + E_{YZ}(z) - E_{CX}(x')x' \\
& + \left(E_{AX}(x') + E_{AY}(y') + E_{A(0Y)Z}\right) z & \text{(3.30b)} \\
e_z(x', y', z) =\ & -E_{ZX}(x') - E_{ZY}(y') + E_{ZZ}(z) + E_{BX}(x')x' \\
& - \left(E_{AX}(x') + E_{AY}(y')\right) y' & \text{(3.30c)}
\end{aligned}$$

図 3.7 の構造は，テーブルから工具を見れば，X′ 軸，Y′ 軸，Z 軸の順に接続している．これは，テーブルが固定され，ベッドから X 軸，Y 軸，Z 軸の順に工具まで接続する図 3.1 の軸構造と，幾何学的には非常に近い．式 (3.1) と式 (3.30) の幾何学モデルを比べると，(1) x および y と，x' および y' の正負が異なること，(2) テーブル側を駆動する軸の誤差運動がワークから見た工具先端点の位置に及ぼす影響は，工具側を駆動する軸の場合と比べると正負が逆になること，を除けば，本質的な違いは多くはない．図 3.8 に模式的に示すように，X′ 軸が x' だけ移動したとき，ヨー誤差運動 $E_{CX}(x')$ だけが存在する簡単な例を考える．ワーク座標系から見た機械座標系の原点（工具先端点）は，$e_y(x', y', z) = -E_{CX}(x')x'$ だけ Y 方向に変位する．テーブル側の場合の幾何学モデル（式 (3.30)）には，第 2 式にこの影響が現れている．もし，X 軸が工具側であれば，X 軸のヨー誤差運動は工具先端点の位置に影響を及ぼさない．このことが，テーブル側を駆動する軸と，工具側を駆動す

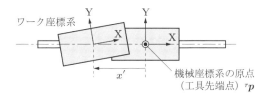

図 3.8 X′ 軸のヨー誤差運動 $E_{CX}(x')$ が工具先端点の位置に及ぼす影響
地面から見ると工具先端点は固定だが，テーブルから見た工具先端点の位置は，X′ 軸のヨー誤差運動 $E_{CX}(x')$ によってずれて見える．

例 3.5　[w X' b Z Y t] 構造の幾何学モデル

図 1.9 に示した軸構成（軸構造の記号は [w X' b Z Y t]）はテーブル側に X' 軸があり，Y 軸および Z 軸は主軸側である．同様の方法で，以下の幾何学モデルが導出できる．

$$
\begin{aligned}
e_x(x,y,z) = &-E_{XX}(x') + E_{XY}(y) + E_{XZ}(z) \\
&- \left(E_{C(0X)Y} - E_{CX}(x') + E_{CZ}(z)\right)y + (E_{B(0X)Z} - E_{BX}(x'))z
\end{aligned} \tag{3.31a}
$$

$$
\begin{aligned}
e_y(x,y,z) = &-E_{YX}(x') + E_{YY}(y) + E_{YZ}(z) \\
&- \left(E_{A(0Y)Z} - E_{AX}(x')\right)z - E_{CX}(x')x'
\end{aligned} \tag{3.31b}
$$

$$
\begin{aligned}
e_z(x,y,z) = &-E_{ZX}(x') + E_{ZY}(y) + E_{ZZ}(z) \\
&+ (-E_{AX}(x') + E_{AZ}(z))y + E_{BX}(x')x'
\end{aligned} \tag{3.31c}
$$

テーブルから主軸に向けて，X 軸・Z 軸・Y 軸の順につながる例 3.3（図 3.6）の幾何学モデル（式 (3.25)）と基本的には同じである．違いは，テーブル側の軸（X' 軸）の幾何誤差の符号を除けば，式 (3.31b) の $-E_{CX}(x')x'$，および式 (3.31c) の $+E_{BX}(x')x'$ だけである．

▶注 3.2　幾何学モデルの仮定

本章で示した幾何学モデルは，ある軸の軸平均線の位置や向きがその下の軸の誤差運動によって変化することはあっても，真直度誤差運動や角度誤差運動といった誤差運動自体が下の軸の運動によって変化することはない，ということを仮定している．すなわち，すべての軸の案内機構は剛体であると仮定する．この仮定を満たさない機械では，幾何学モデルと実際の運動の間には差が生じる．たとえば，図 3.9 の機械構造を考える．Z 軸がマイナス方向に移動したとき，その重量によって，Y 軸の案内やコラムが弾性変形するのはあり得ることだろう．つまり，Z 位置によって，Y 軸の Z 方向真直度誤差運動 E_{ZY} または角度誤差運動 E_{AY} が変化する．幾何学モデルでは，E_{ZY} や E_{AY} は Y 位置のみに依存し，Z 位置には依存しないことを仮定する．すなわち，このような誤差は幾何学モデルでは記述できない．幾何学モデルは，各軸の移動体および案内は剛体であることを仮定しており，図 3.9 の機械はこの仮定を満たさない．この例は，空間誤差の補正に関する規格 ISO/TR 16907[A13] でも述べられている．

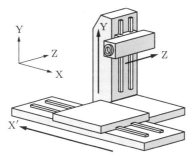

図 3.9 幾何学モデルの仮定を満たさない場合がある機械構造の例
Z 位置によって Y 軸の案内またはコラムが変形し，Y 軸の真直度誤差運動や角度誤差運動が変化する．

もう一つ，幾何学モデルの仮定を満たさない原因となることが多いのは，摩擦力の影響である．たとえば，図 1.13 の機械構造で，図 3.10 に示すように，X 軸が Y 軸案内で両端支持されている構造を考える．X 軸移動体が中央にある場合（図 (a)）と比べて，左右どちらかの案内に近いと，近い方の案内にかかる力が大きくなり，摩擦力が変化して，Y 軸のヨー E_{CY} が変化する場合がある（図 (b)）．幾何学モデルは，X 位置によって Y 軸の誤差運動は影響されないことを仮定するが，この仮定は満たされない．

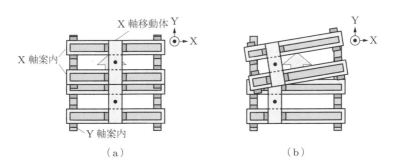

図 3.10 幾何学モデルの仮定を満たさない場合がある機械構造の例
X 軸移動体が中央にある場合（図 (a)）と比べて，左右どちらかの案内レールに近いと，案内の摩擦力が変化して，Y 軸のヨー E_{CY} が変化する場合がある（図 (b)）．

本書は基本的に，剛体運動の仮定に基づく幾何学モデルを用いる．しかしこれは，上記のように幾何学モデルの仮定を満たさない機械には本書の内容は適用できない，という意味ではない．図 3.9 の例であれば，Z 位置によって Y 軸の誤差運動が変化するようなモデルを構築すれば，基本的な考え方は同様に適用できる．

56　第 3 章　幾何学モデル

▶注 3.3　幾何学モデルの観測点——工具長の影響

幾何学モデル (3.1) は，点 (x,y,z) における位置誤差 (e_x, e_y, e_z) を与える．点 (x,y,z) を**観測点**とよぶ．観測点は，工具を取り付ける軸の移動体上に定義される．観測点が異なれば，すなわち Z 軸の移動体上の異なる点を測定すれば，(e_x, e_y, e_z) は一般に異なる．

幾何誤差の観測点と，加工点は一致するとは限らない．代表例は工具長の影響である．たとえば，加工時の工具先端点の位置が，幾何誤差を測定したときの観測点から Z 方向に $t_z \in \mathbb{R}$ だけ離れているとする．このときの工具先端点の 3 次元位置偏差は，以下のように導出できる．例として，図 3.1 の構造を考える．式 (3.1) の点 (x,y,z) は，Z 軸と共に運動する **Z 軸座標系**の原点であることはすでに述べた．Z 軸座標系を Z 方向に t_z だけ平行移動した，工具先端点を原点とする座標系を**工具座標系**とよぶ．工具座標系から Z 座標系に座標変換する同次変換行列 ${}^zT_t \in \mathbb{R}^{4 \times 4}$ は，${}^zT_t = D_z(t_z)$ である．これを使って，工具座標系から機械座標系への座標変換は，式 (3.21) に ${}^zT_t$ を加えて，

$$\begin{bmatrix} {}^r\boldsymbol{p} \\ 1 \end{bmatrix} = {}^rT_x {}^xT_y {}^yT_z {}^zT_t \begin{bmatrix} 0 \\ 0 \\ 0 \\ 1 \end{bmatrix} \tag{3.32}$$

となる．${}^yT_z, {}^xT_y, {}^rT_x$ は式 (3.22) と同じである．式 (3.1) と同様に近似すると，

$$e_x(x,y,z) = E_{XX} + E_{XY} + E_{XZ} + (E_{B(0X)Z} + E_{BX} + E_{BY})z \\ - (E_{C(0X)Y} + E_{CX})y + (E_{B(0X)Z} + E_{BX} + E_{BY} + E_{BZ})t_z \tag{3.33a}$$

$$e_y(x,y,z) = E_{YX} + E_{YY} + E_{YZ} - (E_{A(0Y)Z} + E_{AX} + E_{AY})z \\ - (E_{A(0Y)Z} + E_{AX} + E_{AY} + E_{AZ})t_z \tag{3.33b}$$

$$e_z(x,y,z) = E_{ZX} + E_{ZY} + E_{ZZ} + E_{AX}y \tag{3.33c}$$

となる．式を簡単にするため，幾何誤差の (x) などの記号は省略した．式 (3.1) に影響を与える姿勢誤差は，五つのみ（$E_{AX}, E_{BX}, E_{CX}, E_{AY}, E_{BY}$）であるのに対し，上式では E_{CZ}（Z 軸のロール）以外のすべての姿勢誤差が影響を与える．図 3.1 のように工具側を直進軸が駆動する機械構造では，工具長が変わると，各軸の幾何誤差が工具先端点の 3 次元位置決め偏差に及ぼす影響も変わる．

3.2 回転2軸の幾何学モデル

3.1.3項の座標変換を用いた幾何学モデルの導出法は，3.1.1項と比べて難しく感じるかもしれない．しかし，座標変換による方法には大きな長所がある．それは，様々な軸構成に体系的に対応できることである．回転軸をもつ5軸加工機の幾何学モデルも，基本的には同様の考え方で導出できる．

3.2.1 工具先端点制御

座標変換の考え方は，5軸加工機の制御に必要不可欠である．加工物の形状を決めるのは，ワークから見た工具先端点の軌跡（および工具姿勢）である．一方，一般的なNCプログラムでは，直進3軸および回転2軸の指令位置・角度を機械座標で入力する．つまり，NCプログラムを作る際に，ワーク座標系での工具先端点の位置と工具姿勢を，機械座標系に変換する必要がある（図3.11）．この変換をCNCシステム上で行う機能は，**工具先端点制御** (tool center point (TCP) control) 機能とよばれる．この機能を使えば，ユーザはワーク座標系での工具先端点の位置と工具姿勢をNCプログラムに書き，5軸加工機を運転することができる．この機能がCNCシステムになければ，CAMソフトウェアのポストプロセッサでこの変換を行う．

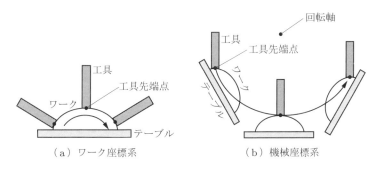

（a）ワーク座標系　　　　（b）機械座標系

図3.11 工具先端点のワーク座標系から機械座標系への変換（ワーク側に回転軸がある場合）

例として，図2.19に示したA, C軸をもつテーブル旋回形5軸加工機を考える．図3.12に示すように，ワーク座標系での工具先端点の位置 $^w\bm{p}^* \in \mathbb{R}^3$，および工具姿勢を表す方位角 $\theta \in \mathbb{R}$ と仰角 $\phi \in \mathbb{R}$ が与えられたとする．機械座標系では工具の向きはZ方向であるから，A, C軸の指令角度 $a, c \in \mathbb{R}$ は次式のようになる．

$$a = \phi - \frac{\pi}{2}, \quad c = \theta - \frac{\pi}{2} \tag{3.34}$$

上式の考え方を図3.13に示す（$\theta = 90°$ のとき，工具の仰角を ϕ とするためのA軸

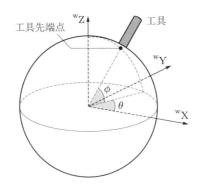

図 3.12　ワーク座標系での工具姿勢を表す方位角 θ と仰角 ϕ

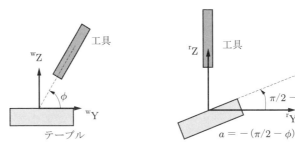

（a）ワーク座標系での工具の向き　　（b）機械座標系での工具の向き

図 3.13　工具の仰角を ϕ とするための A 軸角度 a の計算

指令角度 a の決め方を図示した）．ただし，式 (3.34) は唯一の解ではない．A, C 軸のストロークの制約などから，別の解が用いられる場合もある．

次に，機械座標系での工具先端点 $^r\bm{p}^* \in \mathbb{R}^3$，すなわち工作機械の X, Y, Z 軸の指令位置は，ワーク座標系での工具先端点 $^w\bm{p}^*$ を機械座標系に変換して，次のようになる．

$$\begin{bmatrix} ^r\bm{p}^* \\ 1 \end{bmatrix} = {^rT_w^*} \begin{bmatrix} ^w\bm{p}^* \\ 1 \end{bmatrix}, \quad {^rT_w^*} := D_a(-a)D_c(-c) \tag{3.35}$$

ただし，機械座標系の原点は A・C 軸のノミナルな交点である（2.3.2 項を参照）．機械座標系を X 軸周りに $-a$，Z 軸周りに $-c$ だけ回転したものが，回転テーブル（C 軸）に貼り付いたワーク座標系だから，ワーク座標系上の点を機械座標系に変換する同時変換行列 $^rT_w^*$ は，上式となる（詳細は 3.2.2 項を参照のこと）．$^rT_w^*$ の「*」は，幾何誤差を含まない，指令値のみを含んだ変換であることを示している．

3.2.2 回転2軸の幾何学モデル

以下の問題を考える．回転2軸の幾何誤差が与えられているとする．ワーク座標系における工具先端点の指令位置 $^w\boldsymbol{p}^* \in \mathbb{R}^3$ が与えられたとき，実際の工具先端点のワーク座標系での位置 $^w\boldsymbol{p} \in \mathbb{R}^3$ はどうなるだろうか（図 3.14 参照）？

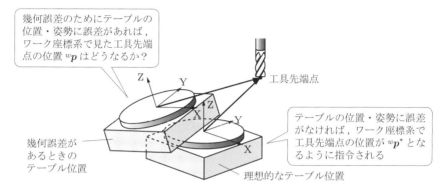

図 3.14 回転軸の幾何学モデルの目的

ワーク座標系とは，2.3.2 項に定義したとおり，その Z 軸が C 軸平均線と一致し，C 軸と共に回転する座標系である．加工物の形状は，ワーク座標系における工具先端点の軌跡によって創成される．つまり，この問題は，回転2軸の幾何誤差が，加工物の形状誤差に及ぼす影響をシミュレートする問題と考えることができる．例で説明する．

例 3.6 回転2軸の軸平均線の幾何誤差が存在するときのワーク座標系での指令位置と実際の位置の関係（テーブル旋回形5軸加工機（A, C 軸））

例として，図 2.19 のテーブル旋回形5軸加工機の回転2軸（A, C 軸）を対象とする．表 2.2 に示した軸平均線の幾何誤差が存在するものとする．

例 2.1 に示した，C 軸と共に回転するワーク座標系と，A 軸と共に回転する A 軸座標系を考える．A 軸座標系に対するワーク座標系の位置・姿勢関係を表 2.2(b) が表しているから，ワーク座標系から A 軸座標系への座標変換行列は次のようになる．

$$^a T_w = D_x(\delta x_{CA}^0) D_y(\delta y_{CA}^0) D_a(\alpha_{CA}^0) D_b(\beta_{CA}^0) D_c(-c) \tag{3.36}$$

ただし，$c \in \mathbb{R}$ は C 軸の指令角度である．同様に，$a \in \mathbb{R}$ が A 軸の指令角度のとき，A 軸座標系から機械座標系への座標変換行列は次のようになる．

$$^r T_a = D_y(\delta y_{AR}^0) D_z(\delta z_{AR}^0) D_b(\beta_{AR}^0) D_c(\gamma_{AR}^0) D_a(-a) \tag{3.37}$$

これを用いて，ワーク座標系上の任意の点 $^w\boldsymbol{p} \in \mathbb{R}^3$ は，機械座標系上では $^r\boldsymbol{p} \in \mathbb{R}^3$

で表され，

$$\begin{bmatrix} {}^r\boldsymbol{p} \\ 1 \end{bmatrix} = {}^rT_w \begin{bmatrix} {}^w\boldsymbol{p} \\ 1 \end{bmatrix}, \quad {}^rT_w = {}^rT_a{}^aT_w \tag{3.38}$$

となる．ワーク座標系における工具先端点の指令位置が ${}^w\boldsymbol{p}^*$ のとき，機械座標系での工具先端点の指令位置 ${}^r\boldsymbol{p}^*$ は，式 (3.35) で与えられる．式 (3.35) の ${}^rT_w^*$ は，式 (3.38) の ${}^rT_w$ が幾何誤差がすべてゼロのときである．ここでは直進軸の誤差運動は考えず，機械座標系における工具先端点の位置は ${}^r\boldsymbol{p}^*$ に等しいとする．回転軸の軸平均線の幾何誤差が存在するとき，この点をワーク座標系に座標変換すると，次のようになる．

$$\begin{aligned}\begin{bmatrix} {}^w\boldsymbol{p} \\ 1 \end{bmatrix} &= ({}^rT_w)^{-1} \begin{bmatrix} {}^r\boldsymbol{p}^* \\ 1 \end{bmatrix} \\ &= \{D_y(\delta y_{AR}^0) \cdots D_c(\gamma_{AR}^0) D_a(-a) D_x(\delta x_{CA}^0) \cdots D_b(\beta_{CA}^0) D_c(-c)\}^{-1} \\ &\quad \cdot D_a(-a) D_c(-c) \begin{bmatrix} {}^w\boldsymbol{p}^* \\ 1 \end{bmatrix} \\ &= D_c(c) D_b(-\beta_{CA}^0) \cdots D_y(-\delta x_{CA}^0) \\ &\quad \cdot \{D_a(a) D_c(-\gamma_{AR}^0) \cdots D_y(-\delta y_{AR}^0) D_a(-a)\} D_c(-c) \begin{bmatrix} {}^w\boldsymbol{p}^* \\ 1 \end{bmatrix} \end{aligned} \tag{3.39}$$

定理 3.5 の近似を使って，この式を整理する．式 (3.39) の最後の式の { } 内に，式 (3.13) の近似を使う．さらに，その外側には式 (3.15) の近似を使う．軸平均線の幾何誤差はすべて微小と仮定し，定理 3.2 が成立することを前提とする．すると，式 (3.39) は以下のように書ける．

$$\begin{bmatrix} {}^w\boldsymbol{p} \\ 1 \end{bmatrix} \approx D_x(\Delta x) D_y(\Delta y) D_z(\Delta z) D_a(\Delta a) D_b(\Delta b) D_c(\Delta c) \begin{bmatrix} {}^w\boldsymbol{p}^* \\ 1 \end{bmatrix} \tag{3.40}$$

ただし，

$$\Delta x = -\delta x_{CA}^0 \cos c - (\delta z_{AR}^0 \sin a - \delta y_{AR}^0 \cos a - \delta y_{CA}^0) \sin c \tag{3.41a}$$

$$\Delta y = -\delta x_{CA}^0 \sin c + (\delta z_{AR}^0 \sin a - \delta y_{AR}^0 \cos a - \delta y_{CA}^0) \cos c \tag{3.41b}$$

$$\Delta z = -\delta z_{AR}^0 \cos a - \delta y_{AR}^0 \sin a \tag{3.41c}$$

$$\Delta a = -\alpha_{CA}^0 \cos c - (-\beta_{AR}^0 \cos a + \gamma_{AR}^0 \sin a - \beta_{CA}^0) \sin c \tag{3.41d}$$

$$\Delta b = -\alpha_{CA}^0 \sin c + (-\beta_{AR}^0 \cos a + \gamma_{AR}^0 \sin a - \beta_{CA}^0) \cos c \tag{3.41e}$$

$$\Delta c = -\beta_{AR}^0 \sin a - \gamma_{AR}^0 \cos a \tag{3.41f}$$

である．式 (3.40) は，工具先端点が指令位置 $^w\boldsymbol{p}^*$ に位置決めされたとき，実際の工具先端点の位置 $^w\boldsymbol{p}$ が，ワーク座標系の X, Y, Z 方向にそれぞれ Δx, Δy, Δz だけ移動し，かつワーク座標系の原点（＝回転 2 軸のノミナルな交点）周りに Δa, Δb, Δc だけ回転した位置となることを示している．

例 2.1 に示したワーク座標系・A 軸座標系の定義がきちんと理解できていれば，幾何学モデルは体系的に，自動的に導出できることがわかるだろう．ほかの軸構成でも，同様の考え方で導出できる．

例 3.7 例 3.6 とは異なる軸平均線の幾何誤差の定義の場合（テーブル旋回形 5 軸加工機（A, C 軸））

注 2.2 では，軸平均線の幾何誤差の定義には任意性があることを示した．同じ機械であっても，幾何誤差の定義が異なれば，幾何学モデルも異なる．しかし，記号が入れ替わっただけで，$^w\boldsymbol{p}^*$ と $^w\boldsymbol{p}$ の関係は実際には等価である．これを例で示す．例 3.6 と同じ，図 2.19 の構造に対して，軸平均線の幾何誤差を表 2.3 のように定義したときを考える．ワーク座標系から機械座標系への座標変換行列は，次のようになる．

$$^rT_w = {}^rT_a {}^aT_w \tag{3.42a}$$

$$^rT_a = D_x(\delta x^0_{AR})D_y(\delta y^0_{AR})D_z(\delta z^0_{AR})D_a(\alpha^0_{AR})D_b(\beta^0_{AR})D_c(\gamma^0_{AR})D_a(-a) \tag{3.42b}$$

$$^aT_w = D_y(\delta y^0_{CA})D_b(\beta^0_{CA})D_c(-c) \tag{3.42c}$$

定理 3.5 を使って例 3.6 と同様に整理する．導出された式に対し，δx^0_{AR} と δx^0_{CA}，α^0_{AR} と α^0_{CA} を入れ替えると，式 (3.40), (3.41) と等価であることがわかる．

例 3.8 テーブル旋回形 5 軸加工機（B, C 軸）の場合

図 3.15 に示すテーブル旋回形 5 軸加工機（B, C 軸）の場合，回転 2 軸の軸平均線の幾何誤差が存在するとき，ワーク座標系での指令位置と実際の位置の関係を表す幾何学モデルは，例 3.6 と同様の方法で導出でき，以下のとおりである．

$$\begin{bmatrix} ^w\boldsymbol{p} \\ 1 \end{bmatrix} \approx D_x(\Delta x)D_y(\Delta y)D_z(\Delta z)D_a(\Delta a)D_b(\Delta b)D_c(\Delta c) \begin{bmatrix} ^w\boldsymbol{p}^* \\ 1 \end{bmatrix} \tag{3.43}$$

ただし，

$$\Delta x = -(\delta x^0_{BR}\cos b + \delta z^0_{BR}\sin b + \delta x^0_{CB})\cos c + \delta y^0_{BR}\sin c \tag{3.44a}$$

$$\Delta y = -(\delta x^0_{BR}\cos b + \delta z^0_{BR}\sin b + \delta x^0_{CB})\sin c - \delta y^0_{BR}\cos c \tag{3.44b}$$

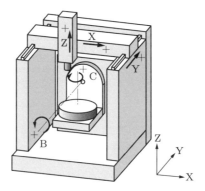

図 3.15　テーブル旋回形 5 軸加工機（B, C 軸）

$$\Delta z = \delta x_{BR}^0 \sin b - \delta z_{BR}^0 \cos b \tag{3.44c}$$

$$\Delta a = -(\alpha_{BR}^0 \cos b + \gamma_{BR}^0 \sin b + \alpha_{CB}^0) \cos c + \beta_{BR}^0 \sin c \tag{3.44d}$$

$$\Delta b = -(\alpha_{BR}^0 \cos b + \gamma_{BR}^0 \sin b + \alpha_{CB}^0) \sin c - \beta_{BR}^0 \cos c \tag{3.44e}$$

$$\Delta c = \alpha_{BR}^0 \sin b - \gamma_{BR}^0 \cos b \tag{3.44f}$$

である．

例 3.9　角度依存幾何誤差が存在するときの幾何学モデル（テーブル旋回形 5 軸加工機（A, C 軸））

軸平均線の幾何誤差だけでなく，表 2.8 に示した角度依存幾何誤差まで考慮するときの，ワーク座標系での指令位置と実際の位置の関係を表す幾何学モデルも，例 3.6 と同様に導出できる．図 2.19 のテーブル旋回形 5 軸加工機の回転 2 軸（A, C 軸）を考える．ワーク座標系から機械座標系への座標変換行列は，次のようになる．

$$^{r}T_w = {}^{r}T_a {}^{a}T_w \tag{3.45a}$$

$$^{r}T_a = D_x(\delta x_{AR}(a))D_y(\delta y_{AR}(a))D_z(\delta z_{AR}(a))D_a(\alpha_{AR}(a))D_b(\beta_{AR}(a))$$
$$\cdot D_c(\gamma_{AR}(a))D_a(-a) \tag{3.45b}$$

$$^{a}T_w = D_x(\delta x_{CA}(a,c))D_y(\delta y_{CA}(a,c))D_z(\delta z_{CA}(a,c))D_a(\alpha_{CA}(a,c))$$
$$\cdot D_b(\beta_{CA}(a,c))D_c(\gamma_{CA}(a,c))D_c(-c) \tag{3.45c}$$

定理 3.5 の近似を使うと，次のようになる．

$$\begin{bmatrix} {}^{w}\boldsymbol{p} \\ 1 \end{bmatrix} \approx D_x(\Delta x)D_y(\Delta y)D_z(\Delta z)D_a(\Delta a)D_b(\Delta b)D_c(\Delta c) \begin{bmatrix} {}^{w}\boldsymbol{p}^* \\ 1 \end{bmatrix} \tag{3.46}$$

ただし，

$$\Delta x = (-\delta x_{AR} - \delta x_{CA})\cos c - (\delta z_{AR}\sin a - \delta y_{AR}\cos a - \delta y_{CA})\sin c \quad (3.47\text{a})$$

$$\Delta y = (-\delta x_{AR} - \delta x_{CA})\sin c + (\delta z_{AR}\sin a - \delta y_{AR}\cos a - \delta y_{CA})\cos c \quad (3.47\text{b})$$

$$\Delta z = -\delta z_{AR}\cos a - \delta y_{AR}\sin a - \delta z_{CA} \quad (3.47\text{c})$$

$$\Delta a = (-\alpha_{AR} - \alpha_{CA})\cos c - (-\beta_{AR}\cos a + \gamma_{AR}\sin a - \beta_{CA})\sin c \quad (3.47\text{d})$$

$$\Delta b = (-\alpha_{AR} - \alpha_{CA})\sin c + (-\beta_{AR}\cos a + \gamma_{AR}\sin a - \beta_{CA})\cos c \quad (3.47\text{e})$$

$$\Delta c = -\beta_{AR}\sin a - \gamma_{AR}\cos a - \gamma_{CA} \quad (3.47\text{f})$$

である.上式の幾何誤差はすべて,式を見やすくするために (a) または (a,c) を省略して書いた.幾何誤差は,軸平均線の幾何誤差と角度依存幾何誤差の和である(式 (2.1) 参照).

例 3.10　角度依存幾何誤差が存在するときの幾何学モデル(テーブル旋回形 5 軸加工機 (B, C 軸))

図 3.15 に示したテーブル旋回形 5 軸加工機 (B, C 軸) の場合,角度依存幾何誤差まで考慮するときの幾何学モデルは,次のようになる.

$$\begin{bmatrix} {}^w\boldsymbol{p} \\ 1 \end{bmatrix} \approx D_x(\Delta x)D_y(\Delta y)D_z(\Delta z)D_a(\Delta a)D_b(\Delta b)D_c(\Delta c)\begin{bmatrix} {}^w\boldsymbol{p}^* \\ 1 \end{bmatrix} \quad (3.48)$$

ただし,

$$\Delta x = -(\delta x_{BR}\cos b + \delta z_{BR}\sin b + \delta x_{CB})\cos c + (\delta y_{BR} + \delta y_{CB})\sin c \quad (3.49\text{a})$$

$$\Delta y = -(\delta x_{BR}\cos b + \delta z_{BR}\sin b + \delta x_{CB})\sin c - (\delta y_{BR} + \delta y_{CB})\cos c \quad (3.49\text{b})$$

$$\Delta z = \delta x_{BR}\sin b - \delta z_{BR}\cos b - \delta z_{CB} \quad (3.49\text{c})$$

$$\Delta a = -(\alpha_{BR}\cos b + \gamma_{BR}\sin b + \alpha_{CB})\cos c + (\beta_{BR} + \beta_{CB})\sin c \quad (3.49\text{d})$$

$$\Delta b = -(\alpha_{BR}\cos b + \gamma_{BR}\sin b + \alpha_{CB})\sin c - (\beta_{BR} + \beta_{CB})\cos c \quad (3.49\text{e})$$

$$\Delta c = \alpha_{BR}\sin b - \gamma_{BR}\cos b - \gamma_{CB} \quad (3.49\text{f})$$

である.例 3.9 と同様,(b) または (b,c) は省略した.

例 3.11　主軸頭旋回形の幾何学モデル (C, B 軸)

図 2.24 に示した主軸頭旋回形 5 軸加工機 (C, B 軸) の軸平均線の幾何誤差は,表 2.5 に示されている.工具・B 軸・C 軸座標系の定義は例 2.2 に示されている.工具座標系から B 軸座標系,B 軸座標系から C 軸座標系,C 軸座標系から Z 軸座標系(機械座標系)への座標変換行列は,それぞれ以下となる.

$$^bT_t = D_x(-\delta x_{BT}^0)D_z(-d_{BT}^* - \delta z_{BT}^0) \tag{3.50a}$$

$$^cT_b = D_x(-\delta x_{CB}^0)D_y(-\delta y_{CB}^0)D_a(-\alpha_{CB}^0)D_c(-\gamma_{CB}^0)D_b(b) \tag{3.50b}$$

$$^rT_c = D_a(-\alpha_{RC}^0)D_b(-\beta_{RC}^0)D_c(c) \tag{3.50c}$$

ただし，$d_{BT}^* \in \mathbb{R}$ は B 軸から工具先端点までのノミナルな距離，$b, c \in \mathbb{R}$ は B, C 軸の指令角度である．Z 軸座標系（機械座標系）で工具先端点の指令位置 $^r\boldsymbol{p}^*$ が与えられたとき，軸平均線の幾何誤差が存在するときの実際の位置 $^r\boldsymbol{p}$ は，次のようになる．

$$\begin{bmatrix} ^r\boldsymbol{p} \\ 1 \end{bmatrix} = {^rT_t}\begin{bmatrix} ^t\boldsymbol{p}^* \\ 1 \end{bmatrix}, \quad ^rT_t = {^rT_c}{^cT_b}{^bT_t} \tag{3.51}$$

ただし，$^t\boldsymbol{p}^*$ は工具座標系の原点，すなわち $^t\boldsymbol{p}^* = \begin{bmatrix} 0 & 0 & 0 \end{bmatrix}^T$ である．また，工具先端点の指令位置 $^r\boldsymbol{p}^*$ は次式で与えられる．

$$^r\boldsymbol{p}^* = D_c(c)D_b(b)D_z(-d_{BT}^*)\begin{bmatrix} ^t\boldsymbol{p}^* \\ 1 \end{bmatrix} \tag{3.52}$$

上式を式 (3.51) に代入し，例 3.6 と同様に定理 3.5 の近似を使うと，

$$\begin{bmatrix} ^r\boldsymbol{p} \\ 1 \end{bmatrix} \approx D_x(\Delta x)D_y(\Delta y)D_z(\Delta z)D_a(\Delta a)D_b(\Delta b)D_c(\Delta c)\begin{bmatrix} ^r\boldsymbol{p}^* \\ 1 \end{bmatrix} \tag{3.53}$$

となる．ただし，

$$\Delta x = -\left(\delta x_{BT}^0 \cos b + \delta z_{BT}^0 \sin b + \delta x_{CB}^0\right)\cos c + \delta y_{CB}^0 \sin c \tag{3.54a}$$

$$\Delta y = -\left(\delta x_{BT}^0 \cos b + \delta z_{BT}^0 \sin b + \delta x_{CB}^0\right)\sin c - \delta y_{CB}^0 \cos c \tag{3.54b}$$

$$\Delta z = \delta x_{BT} \sin b - \delta z_{BT} \cos b \tag{3.54c}$$

$$\Delta a = -\alpha_{CB}^0 \cos c - \alpha_{RC}^0 \tag{3.54d}$$

$$\Delta b = -\alpha_{CB}^0 \sin c - \beta_{RC}^0 \tag{3.54e}$$

$$\Delta c = -\gamma_{CB}^0 \tag{3.54f}$$

である．

例 3.12　傾斜した回転軸をもつ 5 軸加工機の幾何学モデル

図 2.27 に示した，回転軸のノミナルな方向が，直進軸と平行でない軸構成であっても，同様の考え方で幾何学モデルを導出できる．回転 2 軸の軸平均線の幾何誤差は，表 2.7 に示されている．ワーク座標系，B 軸座標系，機械座標系（A : $-45°$ 傾斜）の定義は，例 2.4 に示されている．ワーク座標系から機械座標系（A : $-45°$ 傾

斜）に変換する座標変換行列は，

$$^rT_w = {}^rT_b{}^bT_w \tag{3.55a}$$

$$^rT_b = D_x(\delta x^0_{BR})D_y(\delta y^0_{BR})D_z(\delta z^0_{BR})D_a(\alpha^0_{BR})D_b(\beta^0_{BR})D_c(\gamma^0_{BR})D_b(-b) \tag{3.55b}$$

$$^bT_w = D_a(45°)D_x(\delta x^0_{CB})D_a(\alpha^0_{CB})D_c(-c)D_a(-45°) \tag{3.55c}$$

となる．ここで，$b, c \in \mathbb{R}$ は B，C 軸の指令角度である．B 座標系から見てワーク座標系は，Z 軸を X 軸周りに 45° 傾けた軸を中心に，$-c$ だけ回転すると共に，$\delta x^0_{CB}, \alpha^0_{CB}$ だけ位置・姿勢の誤差をもっている．そこで，定理 3.3 を使って，${}^bT_w$ を導出した．

3.2.3 直進軸と回転軸の幾何学モデルの統合

直進 3 軸と回転 2 軸の誤差運動を両方考慮した幾何学モデルは，3.1 節と 3.2 節を組み合わせることで導出できる．一つだけ例を示す．図 2.19 のテーブル旋回形 5 軸加工機で，回転 2 軸は表 2.2 に示した軸平均線の幾何誤差をもち，直進 3 軸は図 2.2 に示した誤差運動および図 2.5 に示した直角度誤差をもつとする．

式 (3.38) において，機械座標系における工具先端点の位置 ${}^r\boldsymbol{p}$ は，例 3.6 では指令位置 ${}^r\boldsymbol{p}^*$ に等しいとしたが，直進軸の誤差運動があるときは，式 (3.24) で与えられる（図 2.19 の構造は Y' 軸がテーブル側にあるので，厳密には例 3.4 と同様に修正しなければならない）．ただし，${}^r\boldsymbol{p} = {}^r\boldsymbol{p}^* + [\ e_x(x,y,z)\ \ e_y(x,y,z)\ \ e_z(x,y,z)\ ]^T$ である．それ以外は例 3.6 と同じである．すなわち，

$$\begin{bmatrix} {}^w\boldsymbol{p} \\ 1 \end{bmatrix} = ({}^rT_w)^{-1}D_x(e_x(x,y,z))D_y(e_y(x,y,z))D_z(e_z(x,y,z))D_a(-a)D_c(-c)$$

$$\cdot \begin{bmatrix} {}^w\boldsymbol{p}^* \\ 1 \end{bmatrix} \tag{3.56}$$

となる．${}^rT_w \in \mathbb{R}^{4\times 4}$ の定義は式 (3.38) のとおりである．

第4章 空間誤差の補正

最近数年で，工作機械の CNC システムの大手メーカの多くが，空間誤差を数値的に補正する機能を実用化した．それに合わせて，空間誤差の数値的補正機能に関する ISO 規格（技術報告書（technical report））も発行された[A13]．ここで，数値的な補正 (numerical compensation) とは，既知の誤差をキャンセルするように指令位置を調整する補正法を指す．

ボールねじのピッチ誤差やエンコーダの誤差などが原因で生じる直進位置決め誤差の数値補正は，一般にピッチエラー補正とよばれ（用語集 (11) 参照），ほとんどの NC 工作機械で広く用いられている．一部の CNC は，送り方向に垂直な方向の偏差，すなわち真直度誤差運動や直角度誤差を補正する機能ももっている．空間誤差の補正とは，これら従来の補正機能の 3 次元への拡張といえる．

空間誤差の補正法は，CNC メーカによって少しずつ異なるが，基本的な考え方は同様といえる．本章では，直進軸および回転軸の空間誤差の補正法の基本的な考え方を説明する．

4.1 直進軸の空間誤差の補正

直進 3 軸の空間誤差の補正は，3.1 節に示した幾何学モデルを CNC 内にもつ方法が多い．あらかじめ工作機械メーカ（ユーザ）が，図 2.2 に示した直進 3 軸の誤差運動や図 2.5 に示した直角度誤差を測定し，CNC に入力する．CNC は指令位置 (x,y,z) に対して，機械構造に応じた幾何学モデル（たとえば式 (3.1)）を使って位置誤差 $(e_x(x,y,z), e_y(x,y,z), e_z(x,y,z))$ をリアルタイムに計算し，指令位置を $(x-e_x(x,y,z), y-e_y(x,y,z), z-e_z(x,y,z))$ に修正する．Siemens 社，Heidenhain 社など，多くのメーカの CNC がこの方式を採用している．工具長の影響も補正するためには，CNC が注 3.3 に示したモデル（式 (3.33)）をもっていると共に，Z 軸ロール以外のすべての姿勢誤差を測定しなければならない．

機械の姿勢誤差自体を，直進軸を使って補正することはできない．上記の補正は，「姿勢誤差が工具先端点の位置に及ぼす影響」を補正するのに過ぎないことに注意が必要である．図 4.1(a) は，Z 軸を使った穴加工の際，Z 軸の姿勢誤差があるとき，穴

4.1 直進軸の空間誤差の補正　67

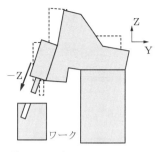
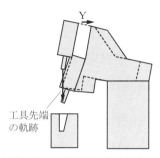

（a）補正前：Z軸の向きによって穴の向きに誤差が生じる

（b）補正後：工具先端の位置を補正しても工具の向き自体は補正できない

図 4.1　空間誤差の補正の例
空間誤差の補正は工具先端点の位置を補正するだけで，姿勢誤差自体は補正できない．

の向きに誤差が生じるのを模式的に描いている．空間誤差の補正は，図 (b) のように工具先端点の軌跡を補正する．しかし，工具の向き自体は変わらないため，穴の円筒度の誤差や，工具損傷の原因になる場合がある．

空間誤差補正は，機械の挙動がモデルで予測できることが前提である．現在の CNC の空間誤差補正のほとんどは，3.1 節に示した剛体運動を仮定した幾何学モデルを使っている．注 3.2 で示した例のように，それで記述できない誤差が大きい機械では，十分な補正効果が得られない．ただしそのような誤差も，剛体運動を仮定しない，より複雑なモデルを CNC がもっていれば補正可能である．

可動領域全体を図 4.2 のように格子に分割し，格子点ごとに補正ベクトル，すなわち $[\ -e_x(x,y,z)\ \ -e_y(x,y,z)\ \ -e_z(x,y,z)\ ]^T$ を記憶する方式もある．ファナック社 CNC の 3 次元回転誤差補正機能[52] がこれにあたる．格子点の間での補正量は，適当な内挿を使って計算する．上記と同じ補正を行うためには，3.1 節に示した幾何

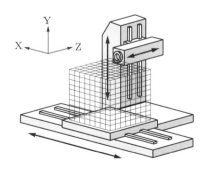

図 4.2　直進 3 軸の空間誤差の補正のための誤差補正マップの概念
X・Y・Z 軸の誤差マップの格子点の一つひとつに，補正量を表すベクトルが割り当てられる．

学モデルを使った計算を，補正の設定者自身が行う必要がある．ただし，剛体運動を仮定しない，一般的なモデルに拡張する自由度は高い．

例 1.2 の図 1.12 に示した**誤差マップ**は，図 4.2 の空間誤差の補正マップとしてそのまま使うことができる（5.3 節も参照）．つまり，格子点 (x, y, z) における補正量は，幾何学モデル (3.1) を使って計算すればよい．もちろん，機械構造に合わせたモデルを選ぶ必要がある．

4.2　回転軸の空間誤差の補正

回転軸の空間誤差の補正も，基本的な考え方は前節と同様である．誤差マップを使う補正を例に説明する（ファナック社 CNC の 3 次元回転誤差補正機能は，回転軸の補正もこの方式である）．回転 2 軸の指令角度が与えられたとき，工具先端点の機械座標系（原点は回転 2 軸のノミナルな交点）における位置 $^r\boldsymbol{p} = [x\ y\ z]^T$ を，X, Y, Z 方向にそれぞれ $^r\Delta x, {}^r\Delta y, {}^r\Delta z$ だけ移動し，かつ回転 2 軸のノミナルな交点を中心として，$^r\Delta a, {}^r\Delta b, {}^r\Delta c$ だけ回転した位置に修正する（左上添え字の「r」は，機械座標系上でのベクトルであることを明らかにするために付けた）．すなわち，

$$\begin{bmatrix} ^r\boldsymbol{p}^*_{\text{compensated}} \\ 1 \end{bmatrix} = D_x(^r\Delta x) \cdots D_c(^r\Delta c) \begin{bmatrix} ^r\boldsymbol{p}^* \\ 1 \end{bmatrix} \tag{4.1}$$

である．これらの補正値を，回転 2 軸の一定角度ごとに 2 次元のマップに作成し，CNC に入力する．誤差マップの概念図を**図 4.3** に示す．

補正量 $^r\Delta \sim {}^r\Delta c$ は，ワーク座標系における工具先端点の位置と指令値の間の誤差

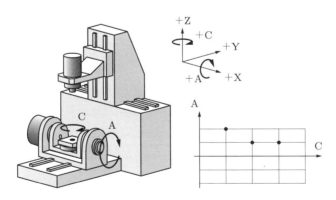

図 4.3　回転 2 軸の空間誤差の補正のための誤差マップの概念
回転 2 軸の角度を横軸・縦軸にもつ誤差マップの格子点の一つひとつに，補正量 $^r\Delta \sim {}^r\Delta c$ が割り当てられる．

が生じないように設定する．この計算に 3.2 節の幾何学モデルを用いる．ただし，3.2 節の幾何学モデル，たとえば式 (3.40) は，ワーク座標系から見た工具先端点の位置誤差を表すのに対し，上記の補正には機械座標系から見た位置誤差を与えなければならない点が異なる．例で説明する．

例 4.1 回転 2 軸の軸平均線の幾何誤差が存在するときの機械座標系での指令位置と実際の位置の関係（テーブル旋回形 5 軸加工機（A, C 軸））

例 3.6 と同様に，図 2.19 のテーブル旋回形 5 軸加工機の回転 2 軸（A, C 軸）を考える．表 2.2 の軸平均線の幾何誤差が存在するとする．

機械座標系における工具先端点の指令位置 $^r\bm{p}^* \in \mathbb{R}^3$ が与えられたとき，回転軸に誤差がまったくない状態では，ワーク座標系上の工具先端点の位置 $^w\bm{p}^*$ は式 (3.35) で得られる．表 2.2 の軸平均線の幾何誤差があるとき，ワーク座標系上でのこの点を機械座標系で見た点 $^r\bm{p}$ は，

$$\begin{bmatrix} ^r\bm{p} \\ 1 \end{bmatrix} = {}^rT_w \begin{bmatrix} ^w\bm{p}^* \\ 1 \end{bmatrix} = {}^rT_w {}^wT_r^* \begin{bmatrix} ^r\bm{p}^* \\ 1 \end{bmatrix} \tag{4.2}$$

となる．ただし，$^rT_w, {}^wT_r^*$ はそれぞれ，式 (3.38), (3.35) で与えられる．上式を，定理 3.5 の近似を用いて，例 3.6 と同様に整理すると，次のようになる．

$$\begin{bmatrix} ^r\bm{p} \\ 1 \end{bmatrix} \approx D_x(^r\Delta x) D_y(^r\Delta y) D_z(^r\Delta z) D_a(^r\Delta a) D_b(^r\Delta b) D_c(^r\Delta c) \begin{bmatrix} ^r\bm{p}^* \\ 1 \end{bmatrix} \tag{4.3}$$

ただし，

$$^r\Delta x = \delta x_{CA}^0 \tag{4.4a}$$

$$^r\Delta y = \delta y_{AR}^0 + \delta y_{CA}^0 \cos a \tag{4.4b}$$

$$^r\Delta z = \delta z_{AR}^0 - \delta y_{CA}^0 \sin a \tag{4.4c}$$

$$^r\Delta a = \alpha_{AR}^0 \tag{4.4d}$$

$$^r\Delta b = \beta_{AR}^0 + \beta_{CA}^0 \cos a \tag{4.4e}$$

$$^r\Delta c = \gamma_{AR}^0 - \beta_{CA}^0 \sin a \tag{4.4f}$$

である．上式と式 (3.40) は本質的には同じである．ただし上式は，テーブル上のある点 $^w\bm{p}^*$ の機械座標系での位置を，誤差がまったくない場合（$^r\bm{p}^*$）と軸平均線の幾何誤差が存在する場合（$^r\bm{p}$）とで比較している．格子点 (a, c) における補正量は，$^r\bm{p}$ が $^r\bm{p}^*$ と一致するように，$^r\bm{p}^*$ を調整すればよい．すなわち，$^r\Delta \sim {}^r\Delta c$ の符号を反転させたものを補正量とすればよい．

例 4.2 回転 2 軸の角度依存幾何誤差が存在するときの機械座標系での指令位置と実際の位置の関係（テーブル旋回形 5 軸加工機（B, C 軸））

図 3.15 に示したテーブル旋回形 5 軸加工機（B, C 軸）の場合，回転 2 軸の軸平均線の幾何誤差が存在するとき，機械座標系での指令位置と実際の位置の関係を表す幾何学モデルは，例 4.1 と同様に考えて，次のようになる．

$$\begin{bmatrix} {}^r\boldsymbol{p} \\ 1 \end{bmatrix} \approx {}^rD_x({}^r\Delta x)D_y({}^r\Delta y)D_z({}^r\Delta z)D_a({}^r\Delta a)D_b({}^r\Delta b)D_c({}^r\Delta c)\begin{bmatrix} {}^r\boldsymbol{p}^* \\ 1 \end{bmatrix} \tag{4.5}$$

ただし，

$$ {}^r\Delta x = \delta x_{BR}^0 + \delta x_{CB}^0 \cos b \tag{4.6a}$$

$$ {}^r\Delta y = \delta y_{BR}^0 \tag{4.6b}$$

$$ {}^r\Delta z = \delta z_{BR}^0 - \delta x_{CB}^0 \sin b \tag{4.6c}$$

$$ {}^r\Delta a = \alpha_{BR}^0 + \alpha_{CB}^0 \cos b \tag{4.6d}$$

$$ {}^r\Delta b = \beta_{BR}^0 \tag{4.6e}$$

$$ {}^r\Delta c = \gamma_{BR}^0 - \alpha_{CB}^0 \sin b \tag{4.6f}$$

である．また，回転 2 軸の角度依存幾何誤差が存在するときは，

$$ {}^r\Delta x = \delta x_{BR}(b) + \delta x_{CB}(b,c)\cos b + \delta z_{CB}(b,c)\sin b \tag{4.7a}$$

$$ {}^r\Delta y = \delta y_{BR}(b) + \delta y_{CB}(b,c) \tag{4.7b}$$

$$ {}^r\Delta z = \delta z_{BR}(b) + \delta z_{CB}(b,c)\cos b - \delta x_{CB}(b,c)\sin b \tag{4.7c}$$

$$ {}^r\Delta a = \alpha_{BR}(b) + \alpha_{CB}(b,c)\cos b + \gamma_{CB}(b,c)\sin b \tag{4.7d}$$

$$ {}^r\Delta b = \beta_{BR}(b) + \beta_{CB}(b,c) \tag{4.7e}$$

$$ {}^r\Delta c = \gamma_{BR}(b) + \gamma_{CB}(b,c)\cos b - \alpha_{CB}(b,c)\sin b \tag{4.7f}$$

である．

例 4.3 回転 2 軸の軸平均線の幾何誤差が存在するときの機械座標系での指令位置と実際の位置の関係（主軸旋回形 5 軸加工機（C, B 軸））

図 2.24 に示した主軸旋回形 5 軸加工機（C, B 軸）の場合は，例 3.11 に示したように，幾何学モデル (3.53), (3.54) が機械座標系での工具先端点の位置誤差を表す．したがって，式 (3.54) の $-\Delta \sim -\Delta c$ をそのまま格子点 (b,c) における補正量として用いればよい．

回転軸の幾何誤差の補正の基本的な考え方を図 4.4 に示す．回転軸の位置・姿勢の誤差が既知であれば，それがワーク座標系から見た工具先端点の位置に及ぼす影響を相殺するように，機械座標系の位置・姿勢を変更する，というのが基本的な考え方といえる．したがってたとえば，回転テーブル（C 軸）の軸平均線の傾きの誤差（C 軸と直進軸の直角度誤差）を補正するためには，工具を Z 方向に動かしても，機械座標系で見ると，X または Y 方向に微小に動くことになる．このような補正が，実際の加工でかえって悪い影響を及ぼさないかは，慎重に確認しなければならない（注 4.2 参照）．

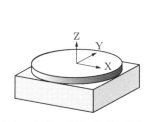
（a）回転軸の位置・姿勢の誤差がない場合の機械座標系

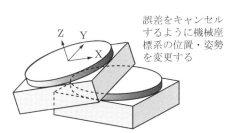
（b）回転軸の位置・姿勢の誤差がある場合

図 4.4　回転軸の幾何誤差補正の概念

例 4.4　主軸側回転軸の軸平均線の幾何誤差・誤差運動の補正

図 2.26 の旋盤形複合加工機のミリング主軸回転軸（A 軸）の軸平均線の幾何誤差および誤差運動を数値補正した実験例を示す．最初に，R-test 測定器（6.2 節参照）を使って，$A=0°$（主軸が水平方向）から $A=-90°$（主軸が鉛直方向）まで 10° ごとに割り出したときの，ミリング主軸端に付けた基準球の指令位置に対する変位を測定した．図 4.5(a) に示すように，基準球の位置が動かないように，A 軸の回転に同

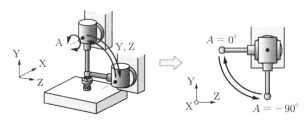
（a）実際の測定のセットアップ　　（b）R-test 測定軌跡の表示

図 4.5　ミリング主軸回転軸（A 軸）の R-test 測定のセットアップと誤差軌跡の表示

期して,Y・Z軸を円弧補間運動する.R-test 測定器は機械座標系での球の3次元変位を測定する.以降の測定結果は,A軸の誤差運動が理解しやすいように,A軸から見た座標系,すなわちA軸座標系で球の変位を表示する(図 4.5(b) 参照.より詳しくは,例 6.3 で説明する).

図 4.6 は,A軸から見た球の位置の R-test 測定結果を示す.指令位置からの変位を 1000 倍に拡大して表示している(「誤差の倍率」).ここでは ZY 面への投影を示した.A軸を 90° 回転したとき,指令位置と実際の位置の差が約 120 μm あることがわかる.このおもな原因はA軸平均線の位置誤差,すなわち表 2.6 の δy_{AT}^0 および δz_{AT}^0 である.R-test 軌跡から軸平均線の幾何誤差を同定する方法(6.2.4 項参照)を用いて,δy_{AT}^0 は約 -63 μm,δz_{AT}^0 は約 -31 μm あることがわかった.

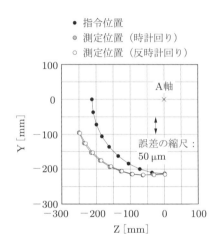

図 4.6　補正を行わない状態の A 軸割り出し時の工具端位置の R-test 測定結果
(ZY 面への投影)

回転軸の中心軸の機械座標系での位置は,工具先端点制御(3.2.1 項)の計算に必要であるため,CNC 内に記憶されている.軸平均線の位置誤差は,これらの CNC 内のパラメータを変更することで,比較的簡単に補正することができる.図 4.7 は,A軸平均線の位置誤差 δy_{AT}^0 および δz_{AT}^0 を補正して,同じ R-test 測定を繰り返した結果である.図 4.6 では,測定軌跡の中心と,指令位置の円軌跡の中心とがずれているが,これは A軸平均線の位置誤差の影響である(図 6.5 を参照).図 4.7 ではこの中心ずれがほぼなくなり,指令位置と実際の位置との差は ±10 μm 程度以内となった.

図 4.7 で見られる半径方向の正弦波状の偏差は,A 軸の径方向誤差運動である(主軸ユニットまたはそれを支える軸受の,重力による変形がおもな原因と

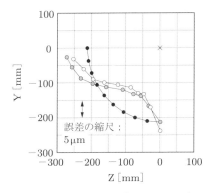

図 4.7　回転軸の軸平均線の位置誤差 δy_{AT}^0 および δz_{AT}^0 を補正した結果
図 4.6 とは誤差の倍率が異なることに注意.

推測される).これは軸平均線の幾何誤差ではなく,数値補正するには,例 4.3 に示した補正法が必要である.図 4.8 は A 軸の位置依存幾何誤差,すなわち $\delta \tilde{x}_{AT}(A)$,$\delta \tilde{y}_{AT}(A)$, $\delta \tilde{z}_{AT}(A)$ を補正した結果である.回転の向きの違いによる径方向誤差運動の差は補正の対象ではないが,それ以外はほぼ補正できていることがわかる.

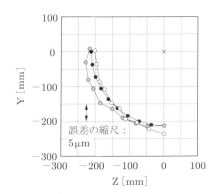

図 4.8　A 軸の角度依存幾何誤差を補正した結果

図 4.9, 4.10 は同じ R-test 測定軌跡の ZX 面への投影を示す.図 4.9 の補正前の軌跡は,A 軸平均線と Z 軸との直角度誤差が存在することを示している.補正を行うことによって,図 4.10 のように A 軸平均線の傾きの誤差も補正できた.

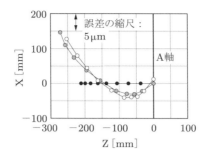

図 4.9 補正を行わない状態の A 軸割り出し時の工具端位置の R-test 測定結果（ZX 面への投影）

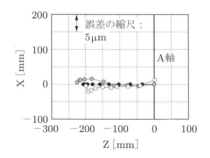

図 4.10 A 軸の軸平均線の幾何誤差および角度依存幾何誤差を補正した結果

　直進軸の場合と同様に，回転軸の補正も，回転軸の姿勢誤差自体は補正しない．それが工具先端点の位置に及ぼす影響のみを補正する．図 4.11 は反転ボーリング加工（回転テーブルで加工物を 180° 回転して，両側からボーリング加工を行い，貫通穴を加工する）の例であるが，回転軸と直進軸の直角度誤差が穴の円筒度に及ぼす影響

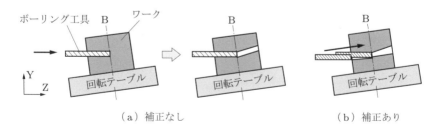

図 4.11 回転テーブル（B 軸）をもつ横形加工機に B 軸と Z 軸の直角度誤差があった場合の加工誤差
反転ボーリングを行う際，工具端の位置の補正を行っても，穴の形状誤差（とくに円筒度）は完全に補正できない可能性がある．

は，工具先端点の位置を補正するだけでは完全に補正できない可能性がある．

▶**注 4.1　5 軸機構の特異点**

　理論的には，回転 2 軸があれば，それらの割り出し角度の補正によって加工物（工具）の姿勢も補正できる．図 4.11 の例でも，B 軸と Z 軸の間に直角度誤差があるとき，X 軸周りの回転軸（A 軸）があれば加工物の向きを補正できる．ISO 16907 規格[A13]にはそのような補正も説明されている．しかし，任意の 5 軸運動に補正を適用するには 5 軸運動の特異点が大きな問題となり，実際に使われることは少ない．

　運動機構の運動の自由度が少なくなる位置・姿勢を**特異点** (singularity) とよぶ．5 軸加工では，工具先端点の動きの速度は一定であっても，直進軸または回転軸が急激に動くことは珍しくない．その原因の一つが特異点である．

　例として，図 4.12(a) に示す工具側の回転 2 軸（C, B 軸）を考える．5 軸機構の特異点は，主軸の方向が回転軸のいずれかに一致するときに生じる．この例では，$b = 0°$ のとき，主軸の方向が C 軸と同じとなり，特異点となる．5 軸機構において，特異点とは決して特別な，例外的な状態ではなく，実際の加工でしばしば現れる状態である．このとき，工具を Y 軸周りに微小角 θ_b だけ傾けるためには，B 軸を同じ微小角だけ回転すればよい（図 (b)）．次に，工具を X 軸周りに微小角 θ_a だけ傾ける．X 軸周りの回転軸（A 軸）はないから，C 軸を 90° 回転し，そのうえで B 軸を同じ微小角だけ回転しなければならない（図 (c)）．すなわち，工具をわずかに傾けるために，C 軸がはるかに大きく回転しなければならない．

　回転軸を使って加工物（工具）の姿勢も補正しようとすると，特異点では，わずかな角度を補正するために，回転軸が大きく回転してしまう可能性がある．軸が急

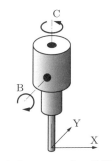　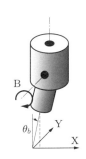　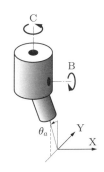

（a）$b = c = 0°$ の状態　　（b）工具を Y 軸周りに θ_b だけ傾ける：$b = \theta_b, c = 0°$　　（c）工具を X 軸周りに θ_a だけ傾ける：$b = \theta_a, c = 90°$

図 4.12　5 軸機構の特異点の例

激に大きく動くことは，運動軸の動的な運動誤差の影響が大きくなる，加工時間が不必要に長くなるなどの問題の原因となる．そのため，運動軌跡に特異点が含まれないことが確実な条件でない限り，姿勢の補正は現実的とはいえない†．

▶注 4.2　最小設定単位送り試験

　補正を行うためには，ある軸を微小に動かす必要が出てくる．たとえば，回転軸の軸平均線が 100 mm に対して 1 μm だけ傾いていたとき，それを補正しようとすると，ある直進軸を 100 mm に対して 1 μm だけ動かす必要が出てくる．それによって，たとえば加工面の性状にかえって悪い影響が出てしまう可能性は，十分にある．

　工作機械が，どの程度の大きさの誤差を補正できるかは，直進軸がどの程度まで微小距離を精度よく追従制御できるかで決まる．それを試験するため，2016 年に**最小設定単位送り試験** (least increment step) が ISO 230-2 規格[A2]（JIS B 6190-2[A17]）に追補 (amendment) された．これは，直進軸に微小な距離を連続して位置決めする階段状の指令を与え，位置決めの最小設定単位と比べて，どの程度の精度で追従しているかをレーザ干渉計などで測定する試験である．

4.3　数値補正をどう使うべきか

　工作機械では，機械的な調整（すり合わせ）によって精度を出す考え方が主流である．精度を高めるためには，計測と組み立て後の再調整を繰り返すしかないが，製造コストの観点との兼ね合いが問題となる．一方，3 次元測定器の分野では，機械設計や，機械の据え付け・調整は，とくに熱変形や経時変化の影響を抑えることに重点を置き，再現性の高い誤差は補正で低減する，という考え方はかなり以前から受け入れられている．今後は工作機械でも，一部のアプリケーションでは空間誤差の数値補正が広がる可能性が高いと考える．ただし，温度制御された環境で使われることが多い 3 次元測定器に対し，工作機械は環境の影響がより大きく，誤差の再現性を確保するのが困難な場合が多いことには十分な注意が必要である．言うまでもなく，補正の効果を決めるのは，機械の運動の再現性である．「精度の良い機械」とは，長い期間にわたって運動の再現性が高い機械である，ということはこれからも変わらない．

　熱変形や経年変化は，すべての工作機械にとって大きな誤差要因の一つであるが，

---

† 回転軸が三つあれば，このような特異点の問題は生じない．欧州のメーカが，回転 3 軸をもった主軸頭ユニット（ユニバーサル・ヘッド）を販売しているが，特異点で軸が急激に大きく動くことがないため，加工時間をかなり低減できることを技術報告している．現時点では，回転 3 軸をもつ（工具・ワーク間の姿勢を 3 自由度で制御できる）工作機械は特殊な用途以外はあまりないが，検討に値するアプローチかもしれない．

5軸加工機ではとくに影響が顕著である．たとえば，ある直進軸が単純に一定量伸びた場合，3軸加工では加工物の形状精度に大きな影響を及ぼさないことが多いが，5軸加工では，回転中心の位置がシフトしたのと等価となるため，形状誤差に直結する場合が多い（例6.8を参照）．もちろん，大型工作機械では一般にその影響は大きくなる．このような要因から，工作機械メーカが出荷時に十分な検査と調整を行うだけでなく，ユーザが現場での加工に合わせて，誤差の測定と補正を行わなければ，高い加工精度を長い期間にわたって維持するのは難しいと考えられる．とくに，大型工作機械と5軸工作機械で数値補正は効果が大きく，受け入れやすいだろう．そのためには，空間誤差の測定と補正を行うためのシステムが自動化され，普及すると共に，工作機械のメーカだけでなくユーザも，工作機械の幾何学モデルや幾何誤差の定義に関して最低限の知識が求められるだろう．

第5章 直進軸の幾何誤差の間接測定

本章で示す測定法の目的は，大きく二つに分けられる．一つは，図1.3に示したように，任意の指令位置 $p^* \in \mathbb{R}^3$ に対する実際の工具先端点の位置 $p \in \mathbb{R}^3$ を直接測定する方法である．1.2節に述べたように，これは困難な計測問題で，現在の測定技術の中で（限定的でも）これが可能なのは，5.4節のアーティファクトを利用する方法と，5.5節の追尾式レーザ干渉計を用いる方法のみといってよい．もう一つは，任意の軌跡を3次元計測することはできないが，1次元測定や，円や直線など一定の軌跡だけの測定を行い，それから各軸の一つひとつの誤差運動に分解する方法である．1.3節に述べたように，従来の工作機械の送り軸の運動精度検査は，各軸の直進位置決め誤差，真直度，姿勢誤差など，一つひとつの誤差運動を**直接測定**することを基本としている．それに対し，様々な軸の様々な誤差運動が重畳して現れる多軸同期運動の運動誤差を測定し，それから各軸の誤差運動に分解するアプローチを Schwenke ら[51]は**間接測定** (indirect measurement) とよんでいる．本章では，直進3軸の幾何誤差を間接測定する方法を説明する†．

5.1 円運動精度試験

工作機械の精度検査で広く行われている**円運動精度試験** (circular test) は，もっとも普及している間接測定法といってよい．円運動精度試験は，ISO 230-4 規格[A3]（JIS B 6190-4[A18]）に規定されている．**ボールバー** (double ball bar (DBB) ともよばれる）は，両端に球を付けたバーの伸縮を測定する装置で，**図5.1** に示すように，磁石式球面座を使って主軸に取り付けた球を，同じように磁石式球面座を使ってテーブルに取り付けた球を中心に円弧補間運動させ，バーの中のリニアエンコーダで伸縮を連続測定する．1982年に Bryan[53] が論文発表した．当初は真円度が許容値より大きいか小さいかを判定するためだけに使われていたが，垣野ら[54] が測定結果から誤差原因を診断する方法を確立し，急速に普及した．

簡単な例として，XY 平面上での円運動精度試験に対し，X・Y 軸の直角度誤差

---

† 本章および次章の直進軸および回転軸の間接測定法に関する過去の研究は，筆者の論文[B26]に詳しくレビューされている．ほかに文献 [51] もレビュー論文である．

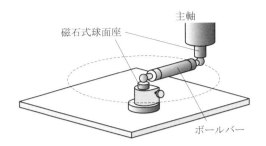

図 5.1 ボールバーを用いた円運動精度試験

$E_{C(0X)Y}$ が及ぼす影響を考える．式 (3.1) の幾何学モデルで，$E_{C(0X)Y}$ 以外の誤差をすべてゼロとすると，指令位置 (x, y) に対する X，Y 方向の位置誤差は，

$$e_x(x, y) = -E_{C(0X)Y} y, \quad e_y(x, y) = 0 \tag{5.1}$$

となる．半径 $R \in \mathbb{R}$ の円軌跡上の，X 軸からの角度 θ の位置に主軸側球があるとき，指令位置は $(x, y) = (R\cos\theta, R\sin\theta)$，バーの方向を表す単位ベクトルは $\begin{bmatrix} \cos\theta & \sin\theta \end{bmatrix}^T$ である．式 (5.1) の位置誤差がバーの長さに及ぼす影響，すなわち半径方向の位置偏差 $\Delta R(\theta)$ は，式 (5.1) のバー方向への投影を考えればよい．すなわち，次のようになる．

$$\Delta R(\theta) = \begin{bmatrix} e_x(x, y) & e_y(x, y) \end{bmatrix} \cdot \begin{bmatrix} \cos\theta \\ \sin\theta \end{bmatrix}$$

$$= -E_{C(0X)Y} R \sin\theta \cos\theta = -\frac{1}{2} R (\sin 2\theta) E_{C(0X)Y} \tag{5.2}$$

図 5.2 に示すように，単位ベクトル $\bm{v} \in \mathbb{R}^3$ ($\|\bm{v}\| = 1$) に対して，任意のベクトル $\bm{a} \in \mathbb{R}^3$ から $\bm{v}$ が表す直線へ垂直に下ろした投影の長さは，$\bm{v} \cdot \bm{a} \in \mathbb{R}$ となる．ただし，本書を通して，ベクトルどうしの演算のとき，記号・はベクトルの**内積** (inner product) を表す．式 (5.2) はこの関係式を使って導出した．この関係式は，本章および次章でも何度も使う．

極座標系で式 (5.2) は，X 軸から 45° 傾いた楕円を表す．図 5.3 は，XY 平面上で

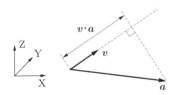

図 5.2 ベクトル $\bm{a}$ の $\bm{v}$ が表す直線への投影の長さ

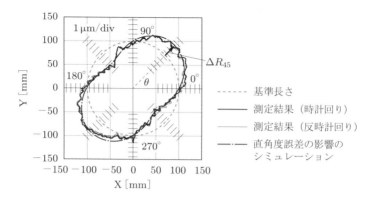

図 5.3 円運動精度試験の測定例

の円運動精度試験の測定例である．円運動精度試験の測定結果は通常，ボールバーの基準長さ R（図では破線の円で示している）からの偏差を拡大して極座標表示する（付録 A.1 の例 A.2 で詳しく説明する）．45°方向の半径方向偏差を ΔR_{45} とすると，式 (5.2) から，

$$E_{C(0X)Y} = -2\frac{\Delta R_{45}}{R} \tag{5.3}$$

が得られる．図の「直角度誤差の影響のシミュレーション」は，$E_{C(0X)Y}$ の同定値を使って式 (5.2) を計算した軌跡である．

垣野らの著書[55]は，様々な誤差運動が円運動誤差軌跡に及ぼす影響を上と同様の考え方でシミュレートし，実際の測定軌跡がどれに近いかを見ることで，支配的な誤差原因を特定する方法を示した．円運動精度試験の誤差原因診断法については，本書ではこれ以上触れない．ただし，ボールバー測定は円軌道しか測定できず，また測定は 1 次元である（バー方向の変位だけが測定できる）．そのため，異なる誤差原因が同じような誤差軌跡となる場合は少なくなく，すべての誤差運動を上記のように数値的に分離することは困難である場合が多い．実際の機械の誤差運動は，まったくランダムに生じるのではなく，典型的な誤差原因が必ずいくつかある．たとえば，セミクローズドループ制御†の軸であれば，直進位置決め誤差運動や真直度誤差運動は，ボールねじのリードに対応する周期的な誤差成分を含むことが多い．ボールねじのリードが既知であれば，周波数解析で誤差原因が推測できる場合がある．あるいは，ある軸がとくに熱膨張しやすい構造であれば，その軸の直進位置決め誤差運動は距離

---

† ボールねじ駆動の送り系で，ロータリーエンコーダを用いてボールねじの回転角度を測定し，それを直動換算して移動体の位置として，フィードバック制御を行う制御方式を**セミクローズドループ制御** (semi-closed loop control) とよぶ．また，リニアエンコーダを用いて移動体の位置を測定し，フィードバック制御行う制御方式を**フルクローズドループ制御** (full-closed loop control) とよぶ．

に比例した誤差をもつ．また，文献 [55] は各軸の姿勢誤差が円運動誤差軌跡に及ぼす影響も詳しく述べているが，機械構造によって，姿勢変化を起こしやすい軸と，そうでない軸がある．ボールバー測定から誤差原因を分離するためには，幾何学モデルへの数値的なフィッティングだけでは十分でなく，この機械構造はこのような誤差原因が多いだろう，というような，経験的な判断の活用が重要となる場合が多い．

しかし円運動精度試験は，(1) 複数の軸を駆動したときの工具先端点の位置偏差を測定し，(2) 幾何学モデルにもっとも一致するように幾何誤差を同定する，という，間接測定の基本的な考え方を端的に表している．

5.2　対角線測定とステップ対角線測定

5.2.1　対角線測定

ISO 230-6 規格[A4] (JIS B 6196[A19]) は，**対角線測定** (diagonal displacement test) を規定している．これは図 5.4 に示すように，測定空間を表す直方体の対角線 (body diagonal) 上の目標位置に機械を位置決めし，対角線方向の変位をレーザ干渉計で測定する．同様の測定をすべての対角線について行う．XY, YZ, ZX 面の長方形の面対角線 (face diagonal) に沿った測定も規定されている．ISO 230-6 規格には，「工作機械の空間精度を完全に評価するには多大な時間とコストがかかるが，対角線測定はその時間とコストが低減できる」と書かれており[†]，対角線測定イコール空間精度の測定であるとの誤解もあるようだ．しかし，対角線測定によって間接測定できる幾何誤

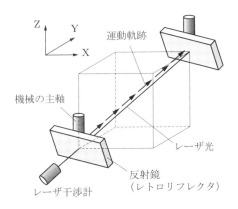

図 5.4　対角線測定

[†] 筆者による訳．対応する JIS B 6196 規格[A19] には「対角位置決め精度試験は，工作機械の空間性能を評価するために行う」とだけ書かれている．

差は非常に限られる†．対角線測定による幾何誤差同定の問題点は，文献 [56] でも議論されている．

単純化のために，2 次元平面内での面対角線測定を考える．図 5.5 に示すように，X・Y 軸間に直角度誤差 $E_{C(0X)Y}$ があり，それ以外の幾何誤差はないものとする．このとき，X 軸方向の辺 AB=CD の長さを a，Y 軸方向の辺 AC=BD の長さを b，対角線 AD の長さを d_1，対角線 BC の長さを d_2 とする．$E_{C(0X)Y}$ が微小のとき，以下が成立する．

$$E_{C(0X)Y} \approx \frac{(d_2+d_1)(d_2-d_1)}{4ab} \tag{5.4}$$

$d_2 - d_1$ から直角度誤差を求めることができる．a, b が微小に変化しても ab および $d_2 + d_1$ に及ぼす影響は小さいから，直角度誤差の同定に対する，X, Y 軸の直進位置決め偏差 E_{XX} および E_{YY} の影響は小さい．

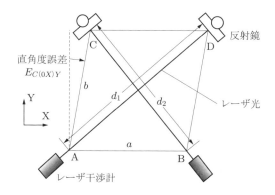

図 5.5　2 軸間の直角度誤差が対角線長さ d_1, d_2 に及ぼす影響の模式図

このように，距離を測定するレーザ干渉計のみを用いて直角度誤差を求められる点が対角線測定の最大の意義である．ただし，それ以外の幾何誤差を分離することはできない．図 5.6 は，X, Y 軸の直進位置決め偏差 E_{XX}, E_{YY}，あるいは X 軸のヨー E_{CX} があっても，対角線の長さ d_1 および d_2 は同じとなる例である．いずれの場合も $d_2 - d_1 = 0$ であり，直角度誤差がゼロであることは式 (5.4) から同定できる．しかし，対角線の長さ d_1 および d_2 からそれ以外の誤差運動を区別することは不可能である．

---

† ISO 230-6 規格にも，対角線測定は誤差原因の診断を目的とした試験ではないと明記されている．面の対角線測定から 2 軸間の直角度誤差が評価できることは書かれている．

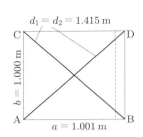
（a）X軸の直進位置決め偏差
　　　$E_{XX} = 0.001$ m があった場合

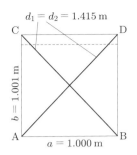
（b）Y軸の直進位置決め偏差
　　　$E_{YY} = 0.001$ m があった場合

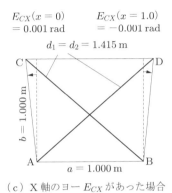
（c）X軸のヨー E_{CX} があった場合

図 5.6　異なる誤差にもかかわらず対角線の距離は同じとなる例

5.2.2　ステップ対角線測定

(1)　測定法と幾何誤差の同定

対角線測定に対し，**ステップ対角線測定** (step-diagonal measurement) が提案されている．図 5.7 に示すように，レーザ光は測定空間の対角線方向に固定する．主軸に付けた反射鏡は，X 方向に距離 a_x，Y 方向に a_y，Z 方向に a_z の順に，階段状に移動し，対角線方向の変位をレーザ干渉計で測定する．対角線測定と異なり，反射鏡上の着光点の位置は機械の移動と共に移動するので，幅広の反射鏡を使う．ステップ対角線測定は文献 [57] で提案され，Optodyne 社（米国）はステップ対角線測定を行うためのレーザ測定システムも販売している．

直角度誤差以外を同定できない対角線測定に対し，ステップ対角線測定の特長は，直進 3 軸の直進位置決め偏差，真直度偏差，直角度誤差を同定できることである．文献 [57] のアルゴリズムを示す．図 5.8 は，点 A $(x(k-1), y(k-1), z(k-1))$ から点 G$(x(k), y(k), z(k))$ まで 3 ステップで移動する 1 ブロックを表す．レーザ光の

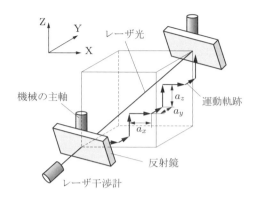

図 5.7 ステップ対角線測定

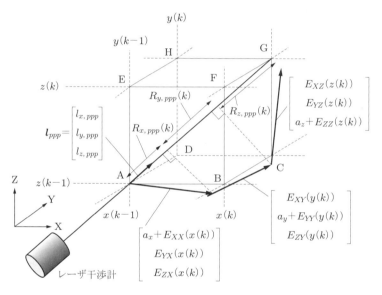

図 5.8 直進 3 軸の幾何誤差がステップ対角線測定に及ぼす影響

方向が図の対角線 AG のとき，X, Y, Z 方向に移動したときの対角線方向の変位を $R_{x,ppp}(k)$, $R_{y,ppp}(k)$, $R_{z,ppp}(k)$ と書く．「ppp」という添え字は，X, Y, Z 共にプラス方向の対角線であることを表す（この測定を ppp 測定とよぶ）．マイナス方向は「n」と書く．つまり，対角線 BH に対して X, Y, Z 方向に移動したときの対角線方向の変位は $R_{x,npp}(k)$, $R_{y,npp}(k)$, $R_{z,npp}(k)$．対角線 DF に対しては $R_{x,pnp}(k)$, $R_{y,pnp}(k)$, $R_{z,pnp}(k)$ と書く．

たとえば，主軸が $x(k-1)$ から $x(k)$ に移動するとき（点 A→B），実際の移動量は式 (3.1) から $[\ a_x + E_{XX}(x(k))\ \ E_{YX}(x(k))\ \ E_{ZX}(x(k))\ ]^T$ となる（幾何誤差の

定義は 2.1.1 項を参照のこと）．ただし，ここではすべての姿勢誤差はゼロと仮定して議論を進める．また，式を簡単にするため，図 2.5 の直角度誤差は真直度誤差運動の傾きとして表現し，以降の式には含めない（たとえば，X 軸に対する Y 軸の直角度誤差 $E_{C(0X)Y}$ は，$E_{XY}(y) = -E_{C(0X)Y}y$ と表現する）．ppp 測定における対角線方向変位 $R_{x,ppp}(k)$ は，レーザ光の方向を表す単位ベクトル $\begin{bmatrix} l_{x,ppp} & l_{y,ppp} & l_{z,ppp} \end{bmatrix}^T$ との内積となり，次のようになる．

$$R_{x,ppp}(k) = \begin{bmatrix} l_{x,ppp} & l_{y,ppp} & l_{z,ppp} \end{bmatrix} \cdot \begin{bmatrix} a_x + E_{XX}(x(k)) \\ E_{YX}(x(k)) \\ E_{ZX}(x(k)) \end{bmatrix} \quad (5.5)$$

ppp，npp，pnp 測定を組み合わせると，次のようになる．

$$\begin{bmatrix} l_{x,ppp} & l_{y,ppp} & l_{z,ppp} & 0 & 0 & 0 & 0 & 0 & 0 \\ 0 & 0 & 0 & l_{x,ppp} & l_{y,ppp} & l_{z,ppp} & 0 & 0 & 0 \\ 0 & 0 & 0 & 0 & 0 & 0 & l_{x,ppp} & l_{y,ppp} & l_{z,ppp} \\ -l_{x,npp} & -l_{y,npp} & -l_{z,npp} & 0 & 0 & 0 & 0 & 0 & 0 \\ 0 & 0 & 0 & l_{x,npp} & l_{y,npp} & l_{z,npp} & 0 & 0 & 0 \\ 0 & 0 & 0 & 0 & 0 & 0 & l_{x,npp} & l_{y,npp} & l_{z,npp} \\ l_{x,pnp} & l_{y,pnp} & l_{z,pnp} & 0 & 0 & 0 & 0 & 0 & 0 \\ 0 & 0 & 0 & -l_{x,pnp} & -l_{y,pnp} & -l_{z,pnp} & 0 & 0 & 0 \\ 0 & 0 & 0 & 0 & 0 & 0 & l_{x,pnp} & l_{y,pnp} & l_{z,pnp} \end{bmatrix}$$

$$\cdot \begin{bmatrix} a_x + E_{XX}(x(k)) \\ E_{YX}(x(k)) \\ E_{ZX}(x(k)) \\ E_{XY}(y(k)) \\ a_y + E_{YY}(y(k)) \\ E_{ZY}(y(k)) \\ E_{XZ}(z(k)) \\ E_{YZ}(z(k)) \\ a_z + E_{ZZ}(z(k)) \end{bmatrix} = \begin{bmatrix} R_{x,ppp}(k) \\ R_{y,ppp}(k) \\ R_{z,ppp}(k) \\ R_{x,npp}(N-k+1) \\ R_{y,npp}(k) \\ R_{z,npp}(k) \\ R_{x,pnp}(k) \\ R_{y,pnp}(N-k+1) \\ R_{z,pnp}(k) \end{bmatrix} \quad (5.6)$$

レーザ光は正確に対角線方向を向いているとすると，

$$\begin{bmatrix} l_{x,ppp} \\ l_{y,ppp} \\ l_{z,ppp} \end{bmatrix} = \frac{1}{\|\boldsymbol{a}\|} \begin{bmatrix} a_x \\ a_y \\ a_z \end{bmatrix} \quad (5.7\mathrm{a})$$

$$\begin{bmatrix} l_{x,npp} \\ l_{y,npp} \\ l_{z,npp} \end{bmatrix} = \frac{1}{\|\boldsymbol{a}\|} \begin{bmatrix} -a_x \\ a_y \\ a_z \end{bmatrix} \qquad (5.7\text{b})$$

$$\begin{bmatrix} l_{x,pnp} \\ l_{y,pnp} \\ l_{z,pnp} \end{bmatrix} = \frac{1}{\|\boldsymbol{a}\|} \begin{bmatrix} a_x \\ -a_y \\ a_z \end{bmatrix} \qquad (5.7\text{c})$$

となる.ただし,$\|\boldsymbol{a}\| := \sqrt{a_x^2 + a_y^2 + a_z^2}$,$N$ はブロックの数である.式 (5.6) を $k = 1, \cdots, N$ について組み合わせると,計 $9N$ 行となる.一方,幾何誤差パラメータの数も $9N$ 個であるから,式 (5.6) を $k = 1, \cdots, N$ で解くことで,直進 3 軸の直進位置決め偏差,真直度偏差,直角度誤差 $E_{XX}(x(k)), \cdots, E_{ZZ}(z(k))$ を同定できる.つまり,ステップ対角線測定によって,姿勢誤差以外のすべての幾何誤差が間接測定できる.

しかし,この定式化には見落としている点があり,実際にはこの方法で正確に幾何誤差を求めることは難しい場合がある.以降ではこの問題点を議論する(より詳細は文献 [B27, B28] を参照のこと).

(2) ステップ対角線測定による幾何誤差同定の問題点

式 (5.6) から幾何誤差を同定する方法は,以下を仮定していることに注意が必要である.

(1) レーザ光は正確に対角線方向(式 (5.7))に調整されている.
(2) 鏡は正確にレーザ光に垂直である.
(3) 直進 3 軸は姿勢誤差をもたない.

実際には,これらの誤差がステップ対角線測定の同定結果に影響を及ぼすだけでなく,これらの誤差を十分低減することが理屈上できないことが,ステップ対角線測定の本質的な問題点である.以下,それぞれを説明する.

(1) **レーザ光の方向の誤差**:一般的なレーザ干渉計を用いた直進位置決め偏差の測定では,レーザ光と運動の方向を平行にするために,運動に伴って反射鏡上の着光点の位置が変化しないように,レーザ光の向きを調整する(象限検出器などのセンサを利用する場合もある).ステップ対角線測定でも同様に調整する.本質的な問題は,機械の幾何誤差があれば,レーザ光をノミナルな対角線方向(式 (5.7))に調整することが理屈上不可能となることである.単純化のた

め 2 次元で説明する．例として，**図 5.9**(a) に示すように，Y 軸の直進位置決め偏差 $E_{YY}(y)$ のみ存在するときを考える．機械の運動を基準にしてレーザ光の方向を調整すると，レーザ光は対角線 AD 方向に調整される．しかし，式 (5.7) に示したレーザ光の方向は，ノミナルな対角線方向であり，この例では 45° 方向である．機械が厳密に 45° 方向に動かない以上，機械の運動を基準にしてレーザ光の方向を調整することは不可能である．

図 5.9(a) では，実際にはレーザ光は対角線 AD 方向であるが，式 (5.6) のステップ対角線測定の式はノミナルな対角線方向にあることを前提としている．この角度の差を $\Delta\theta$ として，これが対角線方向の変位測定に及ぼす影響を考える．たとえば，図 5.9(a) で，$\alpha = 10\,\mathrm{mm}$，$E_{YY}(y) = 10\,\mathrm{\mu m}$ のとき，レーザ方向はノミナル方向から $\Delta\theta \fallingdotseq 0.0286°$ だけずれる．反射鏡が点 D にあるとき，レーザ方向がノミナルな対角線方向であると考えても，実際の AD 間の距離との差は $|AD|(1 - \cos\Delta\theta)$，すなわちコサイン誤差[†] にすぎず，わずか $0.0018\,\mathrm{\mu m}$ である．しかし，反射鏡が点 B にあるときは，レーザ光が AD 方向にあるときと，ノミナルな対角線方向にあるときの変位の差は，$|AB|(\cos 45° - \cos(45° + \Delta\theta))$ であり，約 $3.5\,\mathrm{\mu m}$ である．これは決して無視できない．ただしこの議論では，鏡はつねにレーザ光に垂直に調整されると仮定した．

(2) **鏡の方向の誤差**：式 (5.6) はレーザ光と反射光の直交を前提としている．実際の測定では通常，レーザ光と直交方向に主軸を動かし，レーザ変位が生じないように鏡の向きを調整する．しかし，図 5.9(b) に示すように，この方法では鏡の向きは対角線 BC と平行に調整される．上と同様に Y 軸の直進位置決め偏差 $E_{YY}(y)$ のみがあった場合を考えると，対角線 AD と BC は直交しないので，鏡をレーザ光と直交するように調整するのは不可能である．

(3) **機械の姿勢誤差**：式 (5.6) は工作機械の姿勢誤差をゼロと仮定している．姿勢誤差が存在すれば直進位置決め偏差，真直度偏差，直角度誤差も正確に同定できない．文献 [B27, B28] では，対角線方向変位に加え，各軸の直進位置決め偏差 $E_{XX}(x(k))$, $E_{YY}(y(k))$, $E_{ZZ}(z(k))$ を独立に測定することで，上記 (1), (2) の誤差が存在しても正確に幾何誤差が同定できる新しい方法を示している．

[†] レーザ干渉計を用いた直進位置決め偏差の測定では，レーザ光の向きは，機械の送り方向（この例では対角線方向 AD）とできるだけ一致するように，人の手で調整する．このとき生じる機械の運動方向とレーザ光の方向の誤差が，測定変位に及ぼす影響を**コサイン誤差** (cosine error) とよぶ．通常，レーザ光の向きの調整が一般的な精度でできていれば，コサイン誤差は無視できるほど小さく，測定された距離には大きな影響を及ぼさないというのがレーザ干渉計測定の「常識」である．ここでは，その「常識」に反して，反射鏡が点 B にあるときにはその影響はずっと大きくなることが示されている．

88   第5章　直進軸の幾何誤差の間接測定

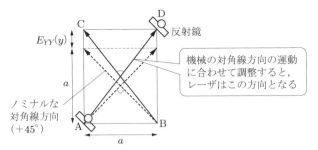

（a）E_{YY}が存在すると，レーザ方向は対角線方向には調整できない

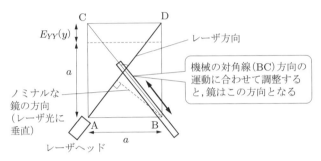

（b）E_{YY}が存在すると，鏡はレーザ光と垂直に調整できない

図 5.9　機械の幾何誤差によってレーザおよび鏡の方向に誤差が生じてしまう例

しかし，姿勢誤差が同定誤差の原因となる問題点は解決されていない．第1章に示したように，工作機械の空間誤差の支配的要因は各軸の姿勢誤差であることが多い．ステップ対角線測定の制約はよく理解しておかなければならない．

5.3　幾何誤差の直接測定による幾何学モデルの構築

式 (3.1) のような幾何学モデルを得るもっとも直接的な方法は，1.3 節に述べたように，すべての幾何誤差を一つひとつ**直接測定**することである．これらの幾何誤差の多くは，工作機械の精度検査工程で測定される．しかし，幾何学モデルを構築し，補正などに利用するためには，測定時に注意すべきことは多い．本節では，測定例でそれを示す．

例 5.1　幾何誤差の直接測定による幾何学モデルの構築

図 1.9 に示した機械構造を対象とし，幾何学モデルを構築する手順を測定例で示す．幾何学モデルは式 (3.31) に示した．

(1) **機械座標系の原点の設定**：機械座標系の原点とは，すべての幾何誤差がゼロと定義される点である．これは任意に決めることができる（2.1.3 項参照）．CNC の機械座標の原点と同じである必要はない．この例では，測定空間を CNC の機械座標で X: $-1500 \sim 1500\,\mathrm{mm}$, Y: $-1500 \sim 0\,\mathrm{mm}$, Z: $-1000 \sim 0\,\mathrm{mm}$ として，機械座標系の原点を $(X, Y, Z) = (0, -750, -350)$ とした．これは可動領域の中央付近である．

(2) **角度偏差の測定**：式 (3.31) に含まれる誤差運動は，X 軸のロール E_{AX}，ヨー E_{BX}，ピッチ E_{CY}，Z 軸のロール E_{CZ}，ピッチ E_{AZ} である．これらを直接測定する．一例として，**図 5.10**(a) は，水準器で測定した X 軸ロール E_{AX} である．水準器は重力方向に対する傾きを測定するので，X 原点で測定値はゼロになるとは限らない．しかし手順 (1) のとおり，E_{AX} は原点でゼロと定義されるから，E_{AX} は X 原点での値からの相対値を記録しなければならない．また，測定値の正負も幾何誤差の定義（2.1.1 項参照）に合わせる必要がある．すなわち，機械座標系の $-X$ 側から見て時計回りにテーブルが傾くのが正である（言い換えると，テーブルを $+X'$ 方向に動かしたとき，その進行方向を見て反時計回りが正である）．

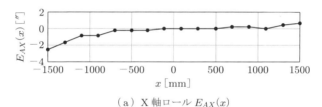

(a) X 軸ロール $E_{AX}(x)$

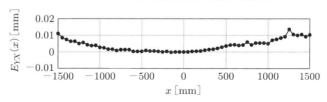

(b) X 軸の直進位置決め偏差 $E_{XX}(x)$

(c) X 軸の Y 方向真直度偏差 $E_{YX}(x)$

図 5.10 直進 3 軸の誤差運動の測定例

(3) **直進位置決め偏差の測定**：各軸の直進位置決め偏差 E_{XX}, E_{YY}, E_{ZZ} を，レーザ干渉計等を用いて測定する．図 5.10(b) は X 軸の直進位置決め偏差 E_{XX} のレーザ干渉計による測定例である．手順 (2) と同様，X 原点でゼロと定義する．測定値の正負は機械座標系に合わせる．すなわち，テーブルが +X 方向に位置誤差をもつのが正である．

注 3.2 の剛体運動の仮定が満たされるとき，手順 (2) の X 軸ロール E_{AX} は，Y, Z 位置はどこで測定しても同じである．しかし X 軸の直進位置決め偏差は，姿勢誤差が存在すれば，Y, Z 軸の位置によって異なる（実例は例 1.1 に示した）．式 (3.31a) で，$y = z = 0$ のとき，測定された X 方向変位 $e_x(x, y, z)$ は $E_{XX}(x)$ と等しい．つまり，機械座標系の原点を通る直線上で測定すれば，測定値をそのまま $E_{XX}(x)$ とできる．それ以外の Y, Z 位置で測定した場合には，Y, Z 座標が既知で，かつ手順 (2) の姿勢誤差が測定されていれば，幾何学モデルを使って測定値 $e_x(x, y, z)$ を $E_{XX}(x)$ に換算することができる．つまり，式 (3.31a) から，

$$E_{XX}(x') = -e_x(x, y, z) + E_{CX}(x')y - E_{BX}(x')z \tag{5.8}$$

となる．式 (3.31a) にはほかにも幾何誤差が含まれるが，X 軸の測定のとき y および z は一定であるから，x に依存しない項は影響を及ぼさない．

(4) **真直度偏差，直角度誤差の測定**：同様に，直進 3 軸の真直度偏差，および直角度誤差を測定する．上と同様，真直度偏差は原点でゼロと定義する．正負は機械座標系に合わせる（直角度誤差の正負については，2.1.2 項を参照のこと）．一例として，図 5.10(c) はレーザ交差面干渉を利用したレーザ真直度測定システムで測定した X 軸の Y 方向真直度偏差である[†]．

剛体運動の仮定に基づく幾何学モデルでは，たとえば X 軸の真直度偏差はどの Y, Z 位置で測定しても変わらない．一方，直角度誤差は原点における 2 軸の軸平均線間の角度と定義される．X 軸のピッチ $E_{CX}(x)$ が存在すれば，X・Y 軸間の角度は x 位置によって変化する．X, Y 原点における X, Y 軸の軸平均線の傾きを測定できれば，そのまま X・Y 軸の直角度誤差 $E_{C(0X)Y}$ とできる．直角定規を置くのが難しいなどの理由でそれ以外の位置で測定するのなら，手順 (3) と同様に換算する．そのために，直角度誤差の測定位置を記録しておく必要がある．

[†] オートコリメータで角度偏差を測定し，それを積分して真直度偏差を計算する測定器が普及している．しかし，この測定原理は測定誤差が累積するので，長い軸の真直度偏差の測定では測定不確かさが大きくなる．

(5) **幾何学モデルの構築**：すべての幾何誤差を直接測定すれば，幾何学モデル (3.31) を使って，任意の指令位置 $p^* \in \mathbb{R}^3$ に対する 3 次元位置決め偏差 $\Delta p \in \mathbb{R}^3$ を計算できる．図 5.11 は，X2000 × Y1500 × Z800 mm の範囲の格子点（図中の「指令位置」）ごとに，3 次元位置決め偏差 Δp を計算し，指令位置との差を 1 万倍に拡大して表示したものである（図中の「実際の工具先端位置」）．見やすいように，ある Z 位置だけを抜き出し，XY 平面への投影を示したのが図 1.12 である．

4.1 節では，誤差マップ（図 4.2 参照）を使った直進 3 軸の空間誤差の補正について述べた．図 5.11 の誤差マップの符号を反転すれば，そのまま補正に使えることがわかるだろう．

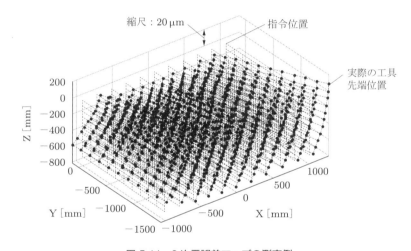

図 5.11　3 次元誤差マップの測定例
直進 3 軸の誤差運動をすべて組み合わせて計算した．

共通する注意点として，幾何学モデルの構築を目的とした測定の際には，測定値だけでなく，以下のような情報を記録しておくことが重要である．

- たとえば X 軸の測定であれば，X 軸の測定位置を表す座標と共に，測定時の Y，Z 座標も記録する必要がある．
- 測定値の正負の意味を記録する．幾何学モデルでの定義と合致しているかを確認する必要がある．
- 工具長（測定点と主軸ゲージライン間の距離）を記録する．注 3.3 で述べたように，工具長によって姿勢誤差の影響が変化し，測定値が異なる誤差運動がある．

たとえば，図 1.9 に示した機械構造では，Y 軸の直進位置決め偏差 $E_{YY}(y)$ の測定のとき，Y 軸の姿勢誤差 $E_{AY}(y)$ が測定に及ぼす影響は工具長により異なる．

▶注 5.1　直進位置決め偏差の測定を複数の位置で行うことによる角度偏差の評価

例 1.1 のように，複数の位置で直進位置決め偏差の測定を行うことで，角度偏差の推定ができる（例 1.1 では，異なる Y 位置で X 軸の直進位置決め偏差 E_{XX} を測定することで，X 軸のピッチ E_{CX} を推定できる）．水準計やオートコリメータを用いた角度偏差の直接測定と比べて，レーザ干渉計だけを使って角度偏差も評価できるというメリットのほかに，2 測定位置間の距離が長ければ測定不確かさの面でも有利となる場合がある．これを利用して，測定空間内の複数の直線に沿ってレーザ干渉計測定を行い，幾何学モデルを同定する方法を示した論文[58]もある．

5.4　アーティファクトの測定に基づく方法

5.3 節の方法の問題点は，1.3 節でも述べた．まとめると，次のようになる．

(1) 幾何誤差すべてをそれぞれ異なる測定器，セットアップで測定しなくてはならず，測定の時間・手間とコストが大きい．
(2) 工具先端点の 3 次元位置を直接測定しているわけではない．幾何学モデルの仮定（注 3.2 参照）が満たされなければ，推定誤差は大きくなる．

3 次元測定器では，アーティファクトを使った 3 次元位置決め偏差の直接測定が，精度較正の一部として行われる（ISO 10360-2[A12]，JIS B 7440-2[A25]）．ここで，**アーティファクト** (artefact) とは，形状があらかじめ較正されている測定基準を意味する．たとえば，3 次元位置が較正された基準球を 1 列に並べた **1 次元ボールアレイ**（図 5.12(a)）を使えば，直進位置決め偏差に加えて 2 方向の真直度偏差が評価できる．すなわち，較正された球の位置 $p^* \in \mathbb{R}^3$ をプローブ測定して，実際の位置 $p \in \mathbb{R}^3$ を得る．両者の差 $\Delta p = p - p^*$ は機械の 3 次元位置決め偏差を表す．**2 次元ボールアレイ**（図 (b)）や **3 次元ボールアレイ**を使えば，2 次元平面あるいは 3 次元空間内で 3 次元位置決め偏差が直接測定できる．5.3 節の直接測定はすべて，直線に沿った指令位置におけるある 1 方向の誤差だけを測定するのに対し，この方法は工具先端点の 3 次元位置を直接に測定する点が，本質的に異なる．ただしもちろん，測定は球の位置でしか行えず，任意の指令位置に対する空間誤差が測定できるわけではない．このようなアーティファクトを用いた測定を，工作機械に適用する試みも報告されている．論文 [59] では，高さが較正された取付具を使って 2 次元ボールアレイの高さを変

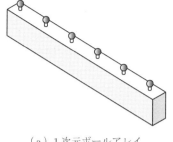
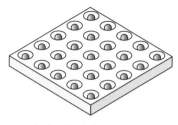

(a) 1次元ボールアレイ　　　　　　　　　（b）2次元ボールアレイ

図 5.12　1 次元および 2 次元ボールアレイ

え，3 次元ボールアレイとして空間精度の評価に使っている．ほかに，立方体型やピラミッド型のボールアレイも市販されている．

交差格子スケール (cross grid encoder)[†] は，格子を基準として，リニアエンコーダと同じ原理で機械の 2 次元位置を測定する測定器である．**図 5.13** に市販の交差格子スケールの一例を示す．2 次元平面内に限定されるものの，任意の軌跡に対する 2 次元輪郭運動誤差を測定できる．格子を基準とするので，これもアーティファクトの一種といえる．

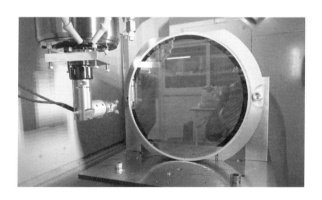

図 5.13　交差格子スケール（Heidenhain 社，XZ 面の測定）

アーティファクトの測定に基づく方法に共通する問題は，大型の機械を測定するためには，大型のアーティファクトが必要となることである．コスト面や，セットアップの難しさの問題だけでなく，アーティファクト自体の精度較正が難しく，大型機をこの方法で測定することは現実的とはいえない．

[†] ISO 230-1[A1]（JIS B 6190-1[A16]）では，**2 次元スケール** (two-dimensional digital scale) とよばれている．

5.5 追尾式レーザ干渉計

5.5.1 測定原理

任意の指令位置に対する空間誤差の直接測定が行える，唯一の市販の測定器といえるのが，**追尾式レーザ干渉計** (tracking interferometer) である．反射鏡（**ターゲット**とよぶ）までの距離（変位）を測定するレーザ干渉測長器に，ターゲットを自動追尾するようにレーザ光の方向を変える機構を加えた測定器である（**図 5.14**）．追尾式レーザ干渉計という名称は，ISO 230-1 規格[A1]（JIS B 6190-1[A16]）で使われているもので，一般には**レーザトラッカ** (laser tracker) とよばれることが多い．追尾式レーザ干渉計は 1980 年代に開発された[60]．追尾式レーザ干渉計に関するこれまでの研究開発のレビュー論文は文献 [61] などがある．

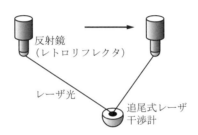

図 5.14 追尾式レーザ干渉計による自動追尾測定

代表的な自動追尾機構の原理を**図 5.15** に示す．反射鏡からの反射光が，4 分割フォトダイオードに入射する位置を計測し，それが基準位置に留まるように，レーザ光の向きを制御する．

追尾式レーザ干渉計を使って，ターゲットの 3 次元位置を測定する原理は二つに大別される．**図 5.16** は，この二つを 2 次元の場合に単純化して説明したものである．図 (a) は，レーザ光の方向 θ を回転軸のロータリーエンコーダを用いて測定し，ター

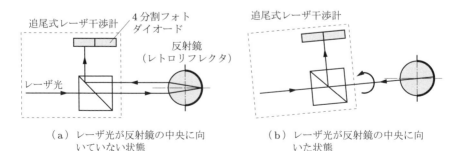

図 5.15 追尾式レーザ干渉計の自動追尾機構の一例

5.5 追尾式レーザ干渉計

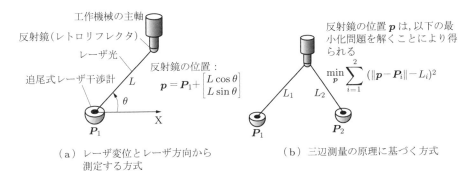

図 5.16 追尾式レーザ干渉計を用いたターゲット（反射鏡）の位置測定の原理（2 次元の場合）

ゲットまでの距離からターゲットの位置を算出する．図 (b) は，ターゲットまでの距離を複数の位置から測定し，三辺測量の原理でターゲットの位置を計算する．つまり，GPS（全地球測位システム）と同様の測定原理である．市販の追尾式レーザ干渉計の多くは図 (a) の方式である（API 社，Leica Geosystems 社，Faro 社など）．この場合，レーザ方向（回転角度）の測定の不確かさがターゲット位置の測定不確かさに直接的に寄与するため，工作機械を評価できるほどの測定精度を得るのは難しいことが多い．一般には，たとえば航空機部品や建造物など，大型部品の形状計測に用いられることが多い．一方，図 (b) の方式は ISO 230-1[A1]（JIS B 6190-1[A16]）では**多辺測量法** (multilateration) とよばれ[†]，回転軸の回転角の精度が測定不確かさに大きく寄与しないことが長所である．そのため，回転軸の回転精度は図 (a) の方式ほど高い必要がなく，装置の低コスト化にも有利といえる．この方式を使って，Etalon 社（ドイツ）は，3 次元測定器や工作機械の空間精度の評価を行う測定システムを 2000 年代の中頃に商品化した（Laser TRACER[63]，**図 5.17**）．

追尾式レーザ干渉計のための反射鏡は，レーザ光がどの方向から入射しても，同じ方向に反射する必要がある．そのような反射鏡を一般に**レトロリフレクタ**とよぶ．**キャッツアイ・レトロリフレクタ** (cat's eye retroreflector) とよばれる，真球のガラスの半面にレーザ光を反射するための金属膜を蒸着したものが使われることが多い．レーザ測長に一般的に用いられるコーナーキューブと比較して，光の入射範囲を広くとれる，入射方向による光路差を小さくすることが比較的容易，などの長所があり，追尾式レーザ干渉計の反射鏡として適している．

[†] 三辺測量法 (trilateration) と異なり，4 箇所以上からの測定が必要なためである．この方式の原理は 1980 年代の中頃に提案された[62]．

図 5.17 Etalon 社 Laser TRACER

5.5.2 ターゲット位置の推定アルゴリズム（直接的アルゴリズム）

本項では，図 5.16(b) の多辺測量法を使って，ターゲットの中心位置を計算するアルゴリズムを説明する．古典的な三辺測量問題とは，以下の 2 点の違いがある．

(1) 追尾式レーザ干渉計の位置（二つの回転軸の交点）の位置は不明である．
(2) ターゲットまでの絶対的な距離は測定できず，ターゲットが初期位置から移動したときの距離の変化だけが測定できる．

このため，4 台以上からの測定を行い，測定の冗長性を利用して，追尾式レーザ干渉計の位置も同時に自己較正するアルゴリズムが確立されている[63, B29]．ターゲット位置を直接的に測定することが目的であるから，ここではこのアルゴリズムを**直接的アルゴリズム**とよぶ．

(1) 目的関数

図 5.18 に示すように，i 番目のターゲットの位置を $\boldsymbol{p}_i \in \mathbb{R}^3$ $(i=1,\cdots,N)$，j 番目の追尾式レーザ干渉計の位置を $\boldsymbol{P}_j \in \mathbb{R}^3$ $(j=1,\cdots,N_t, N_t \geq 4)$ とする．直接的アルゴリズムの目的は，測定されたレーザ変位からターゲット位置 $\boldsymbol{p}_i$ $(i=1,\cdots,N)$ を求めることである．これは，以下の最小化問題に帰着できる．

$$\min_{\boldsymbol{x}} \sum_{i=1,\cdots,N, j=1,\cdots,N_t} (f_{ij}(\boldsymbol{x}) - d_{ij})^2 \tag{5.9}$$

ただし，$d_{ij} \in \mathbb{R}$ は j 番目の追尾式レーザ干渉計から，i 番目のターゲット位置を測定したときのレーザ変位を表す．関数 $f_{ij}:\mathbb{R}^{3N+4N_t} \to \mathbb{R}$ は，以下のように与えられる．

$$f_{ij}(\boldsymbol{x}) = \|\boldsymbol{p}_i - \boldsymbol{P}_j\| - d_{0j} \tag{5.10}$$

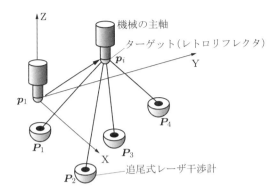

図 5.18 四つの追尾式レーザ干渉計を用いたターゲット位置の推定

本書を通して，記号 $\|\bullet\|$ はベクトルの 2-ノルムを表す．すなわち，

$$\|\boldsymbol{p}_i - \boldsymbol{P}_j\| := \sqrt{(p_i(1) - P_j(1))^2 + (p_i(2) - P_j(2))^2 + (p_i(3) - P_j(3))^2} \quad (5.11)$$

である．ここで，$p_i(1), p_i(2), p_i(3)$ および $P_j(1), P_j(2), P_j(3)$ はターゲット位置 $\boldsymbol{p}_i$ およびレーザ干渉計位置 $\boldsymbol{P}_j$ のそれぞれ X, Y, Z 座標を表す．

式 (5.10) で，$d_{0j} \in \mathbb{R}$ は j 番目の追尾式レーザ干渉計と，ターゲットの初期位置 $\boldsymbol{p}_1$ との距離で，レーザ測長の**デッドパス** (dead path) 長さとよぶ．レーザ干渉計が測定できるのは，追尾式レーザ干渉計 $\boldsymbol{P}_i$ とターゲット $\boldsymbol{p}_j$ の間の絶対的な距離ではなく，初期位置からの変化である．$\boldsymbol{x} \in \mathbb{R}^{3N+4N_t}$ は未知のパラメータを集めたベクトルで，以下で定義される．

$$\boldsymbol{x} = \begin{bmatrix} \boldsymbol{p}_1 \\ \vdots \\ \boldsymbol{p}_N \\ \boldsymbol{P}_1 \\ \vdots \\ \boldsymbol{P}_{N_t} \\ d_{01} \\ \vdots \\ d_{0N_t} \end{bmatrix} \quad (5.12)$$

(2) 制 約

$\boldsymbol{p}_i$ と $\boldsymbol{P}_j$ は機械座標系で定義される．2.1.3 項に述べたとおり，機械座標系の定義は任意性がある．ここでは例として以下のように定義する．

- 機械座標系の原点は i_0 番目のターゲット位置 $\bm{p}_{i_0}$ とする（たとえば，工作機械の機械座標系の原点とする）．
- 機械座標系の X 軸は，原点と，i_x 番目のターゲット位置 $\bm{p}_{i_x}$ を通る直線に設定する（たとえば，$\bm{p}_{i_x}$ は工作機械の X 軸のストローク端とする）．
- 原点と i_y 番目のターゲット位置 $\bm{p}_{i_y}$ を結ぶ直線の，X 軸に垂直で，原点を通る平面への投影を Y 軸と定義する（たとえば，$\bm{p}_{i_y}$ は工作機械の Y 軸のストローク端とする）．
- Z 軸は X, Y 軸に垂直な直線となる．

以上のような機械座標系の定義は，以下の拘束を与えることと等価である．

$$\bm{p}_{i_0} = \begin{bmatrix} 0 \\ 0 \\ 0 \end{bmatrix}, \quad p_{i_x}(2) = p_{i_x}(3) = 0, \quad p_{i_y}(3) = 0 \tag{5.13}$$

このような拘束が必要な理由は，付録 A.3 の例 A.5 に詳しく述べた．式 (5.13) によって六つの未知数が拘束されるため，式 (5.12) の未知数は，計 $3N + 4N_t - 6$ 個となる．一方，式 (5.9) の測定数（d_{ij} の数）は NN_t であるため，$3N + 4N_t - 6 > NN_t$ のとき，すなわち $N > (4N_t - 6)/(N_t - 3)$ のとき，最小解を求めることができる．追尾式レーザ干渉計の数が $N_t = 3$ であれば問題 (5.9) を解くことはできない．「測定の冗長性を利用する」とはこの意味である．

(3) 解法

問題 (5.9) は非凸関数の最小化問題であるため，**ニュートン法**を用いて反復的に局所解を求めるのが一般的である（詳細は付録 A.2 の例 A.3 を参照のこと）．初期値 $\bm{x} = \hat{\bm{x}}^{(0)}$ から開始し，以下の式で $\hat{\bm{x}}^{(k+1)}$ を更新する．

$$\hat{\bm{x}}^{(k+1)} = \hat{\bm{x}}^{(k)} + \left(A^{(k)T} A^{(k)} \right)^{-1} A^{(k)T} \left(d - f(\hat{\bm{x}}^{(k)}) \right) \tag{5.14}$$

ただし，

$$f := \{f_{ij}\}_{i=1,\cdots,N, j=1,\cdots,N_t} \in \mathbb{R}^{3N+4N_t} \to \mathbb{R}^{NN_t} \tag{5.15a}$$

$$d := \{d_{ij}\}_{i=1,\cdots,N, j=1,\cdots,N_t} \in \mathbb{R}^{NN_t} \tag{5.15b}$$

とした．また，行列 $A^{(k)} \in \mathbb{R}^{(NN_t) \times (3N+4N_t)}$ は関数 f の**ヤコビ行列**（Jacobian matrix）で，

$$A^{(k)} := \left. \frac{\partial f}{\partial \bm{x}} \right|_{\bm{x}=\hat{\bm{x}}^{(k)}} \tag{5.16}$$

である．$A^{(k)}$ は，式 (5.10) から導出することができる．たとえば，$A^{(k)}$ の 1 列目は，式 (5.10) の $f_{ij}(\bm{x})$ を $p_1(1)$ で偏微分して得られる．

$$\frac{\partial f_{ij}}{\partial p_i(1)} = \frac{1}{\|\bm{p}_i - \bm{P}_j\|} (p_i(1) - P_j(1)) \tag{5.17}$$

同様に，$A^{(k)}$ のすべての要素を式で書ける．ただし，式 (5.13) の拘束に対応して計 6 個の列を削除する必要がある．

5.5.3 幾何誤差パラメータの推定アルゴリズム（間接的アルゴリズム）

5.5.2 項の方法を使って，たとえば図 5.11 のような誤差マップを構築するには，すべての格子点で測定を行う必要がある．工作機械の運動が幾何学モデルに従うという仮定が満たされるのであれば，レーザ変位の測定値 d_{ij} から，幾何学モデルの幾何誤差パラメータを同定すれば，すべての格子点で測定を行う必要がない．工具端の位置を直接計算するのではなく，幾何学モデルを使って間接的に推定するため，本節ではこの方法を**間接的アルゴリズム**とよぶ．

(1) 目的関数

式 (3.1) に示した幾何学モデルは，ターゲットの指令位置 $\bm{p}_i^*$ と，実際の位置 $\bm{p}_i$ の関係を表す関数として，以下のように書くことができる．

$$\bm{p}_i - \bm{p}_i^* = C_{\text{kinematic},i}(\bm{p}_i^*) \cdot \bm{E}_i(\bm{p}_i^*) \tag{5.18}$$

ただし，$\bm{E}_i(\bm{p}_i^*)$ は，指令位置 $\bm{p}_i^* = [x_i^* \ y_i^* \ z_i^*]^T \in \mathbb{R}^3$ に対応する幾何誤差パラメータを集めたベクトルで，

$$\bm{E}_i(\bm{p}_i^*) := \begin{bmatrix} \bm{E}_X(x_i^*)^T \\ \bm{E}_Y(y_i^*)^T \\ \bm{E}_Z(z_i^*)^T \\ E_{C(0X)Y} \\ E_{B(0X)Z} \\ E_{A(0Y)Z} \end{bmatrix} \in \mathbb{R}^{21} \tag{5.19}$$

である．$\bm{E}_X(x_i^*) \in \mathbb{R}^6$ は，$X = x_i^*$ にあるときの X 軸の幾何誤差パラメータからなるベクトルで，以下のように定義する．

$$\boldsymbol{E}_X(x_i^*) := \begin{bmatrix} E_{XX}(x_i^*) \\ E_{YX}(x_i^*) \\ E_{ZX}(x_i^*) \\ E_{AX}(x_i^*) \\ E_{BX}(x_i^*) \\ E_{CX}(x_i^*) \end{bmatrix} \in \mathbb{R}^6 \tag{5.20}$$

それぞれの幾何誤差パラメータの意味は，2.1節を参照してほしい．$\boldsymbol{E}_Y(y_i^*)$, $\boldsymbol{E}_Z(z_i^*)$ も同様に定義する．式 (5.18) の $C_{\text{kinematic},i}(\boldsymbol{p}_i^*) \in \mathbb{R}^{3\times 21}$ は，式 (3.1) を書き換えて得られる．もちろん，幾何学モデルは機械構造に適したものを選択する．

N 個のターゲットの指令位置が $\boldsymbol{p}^* = \{\boldsymbol{p}_i^*\}_{i=1,\cdots,N}$ と与えられたとき，式 (5.18) を拡張して，以下のように書ける．

$$\boldsymbol{p} - \boldsymbol{p}^* = C_{\text{kinematic}}(\boldsymbol{p}^*) \cdot \boldsymbol{E}(\boldsymbol{p}^*) \tag{5.21}$$

ただし，

$$\boldsymbol{E}(\boldsymbol{p}^*) = \begin{bmatrix} \boldsymbol{E}_X(x_1^*) \\ \vdots \\ \boldsymbol{E}_X(x_{N_x}^*) \\ \boldsymbol{E}_Y(y_1^*) \\ \vdots \\ \boldsymbol{E}_Y(y_{N_y}^*) \\ \boldsymbol{E}_Z(z_1^*) \\ \vdots \\ \boldsymbol{E}_Z(z_{N_z}^*) \\ E_{C(0X)Y} \\ E_{B(0X)Z} \\ E_{A(0Y)Z} \end{bmatrix} \in \mathbb{R}^{6(N_x+N_y+N_z)+3} \tag{5.22}$$

は幾何誤差パラメータをすべて含むベクトルである．また，

$$C_{\text{kinematic}}(\boldsymbol{p}^*) \in \mathbb{R}^{3N \times (6(N_x+N_y+N_z)+3)} \tag{5.23}$$

は $C_{\text{kinematic},i}(\boldsymbol{p}^*)$ を拡張して得られる，幾何誤差を表すベクトル（式 (5.22)）と，N 個あるターゲット位置の誤差 $\boldsymbol{p} - \boldsymbol{p}^*$ の関係を表す行列である．ターゲットの指令位置 $\boldsymbol{p}_i^*$ は，X 座標は $\{x_k^*\}_{k=1,\cdots,N_x}$ の中から，Y 座標は $\{y_l^*\}_{l=1,\cdots,N_y}$ の中から，Z 座標は

$\{z_m^*\}_{m=1,\cdots,N_z}$ の中から,任意に与えることができる.たとえば,$\boldsymbol{p}_i^* = [\,x_1\ y_1\ z_5\,]^T$ なら,$C_{\text{kinematic}}(\boldsymbol{p}^*)$ の $\boldsymbol{p}_i^*$ に対応する行には,$\boldsymbol{E}_X(x_1^*), \boldsymbol{E}_Y(y_1^*), \boldsymbol{E}_Z(z_5^*)$ に対応する要素に数字が入ることになる.また,$\boldsymbol{p} := \{\boldsymbol{p}_i\}_{i=1,\cdots,N} \in \mathbb{R}^{3N\times 1}$ は i 番目の実際の位置 $\boldsymbol{p}_i$ を縦につなげたベクトルである.5.5.2 項と同様に,追尾式レーザ干渉計の位置 $\boldsymbol{P}_j$,デッドパス長さ d_{0j} と合わせて,以下を同定することがアルゴリズムの目的である.

$$\boldsymbol{X} = \begin{bmatrix} \boldsymbol{E}(\boldsymbol{p}^*) \\ \boldsymbol{P}_1 \\ \vdots \\ \boldsymbol{P}_{N_t} \\ d_{01} \\ \vdots \\ d_{0N_t} \end{bmatrix} \in \mathbb{R}^{6(N_x+N_y+N_z)+3+4N_t} \tag{5.24}$$

これは,以下の最小化問題を解くことによって求められる.

$$\min_{\boldsymbol{X}} \sum_{i=1,\cdots,N, j=1,\cdots,N_t} \left(f_{ij}\left(\begin{bmatrix} C_{\text{kinematic}}(\boldsymbol{p}^*) & 0 \\ 0 & I \end{bmatrix} \boldsymbol{X} \right) - d_{ij} \right)^2 \tag{5.25}$$

ただし,I は適切な大きさの単位行列,関数 f_{ij} の定義は式 (5.10) のとおりである.

(2) 制 約

5.5.2 項と同様に,座標系の定義によって,計 12 個の幾何誤差パラメータが拘束される.たとえば,機械座標系が 5.5.2 項 (2) で示したとおりに定義されるとき,

$$\begin{aligned} E_{\bullet X}(x_{i_0}^*) &= E_{\bullet Y}(y_{i_0}^*) = E_{\bullet Z}(z_{i_0}^*) = 0, \\ E_{YX}(x_{i_x}^*) &= E_{ZX}(x_{i_x}^*) = 0, \quad E_{ZY}(y_{i_y}^*) = 0 \end{aligned} \tag{5.26}$$

となる.ただし,E の下添え字のドットは X, Y, Z を表す.また,真直度,直角度,姿勢誤差の定義が冗長とならないために,以下の制約が必要となる.

$$\begin{aligned} E_{XY}(y_{i_y}^*) &= E_{XZ}(z_{i_z}^*) = E_{YZ}(z_{i_z}^*) = 0, \\ E_{\bullet X}(x_{i_0}^*) &= E_{\bullet Y}(y_{i_0}^*) = E_{\bullet Z}(z_{i_0}^*) = 0 \end{aligned} \tag{5.27}$$

ただし,E の下添え字のドットは A, B, C を表す.たとえば,X 軸と Y 軸の直角度は,$(X,Y) = (0,0)$ における X, Y 軸の軸平均線間の角度から定義される.そのた

め，原点で姿勢誤差はゼロに拘束する必要がある．また，Y 軸の X 方向の真直度偏差 $E_{XY}(y)$ は軸平均線からの偏差であるから，ここでは簡単のため，$y = y_{i_y}^*$ でゼロに拘束した（用語集の図 B.2(c) の両端点基準直線を用いた）．

式 (5.26) で 12 個，式 (5.27) で 12 個の幾何誤差が拘束される．これらの制約により，式 (5.24) の未知数の数は $6(N_x + N_y + N_z) + 3 + 4N_t - 24$ 個となる．

(3) 解　法

式 (5.25) で，

$$g_{ij}(\boldsymbol{X}) := f_{ij}\left(\begin{bmatrix} C_{\text{kinematic}}(\boldsymbol{p}^*) & 0 \\ 0 & I \end{bmatrix}\boldsymbol{X}\right) \tag{5.28}$$

と定義すると，

$$\frac{\partial g_{ij}(\boldsymbol{X})}{\partial \boldsymbol{X}} = \frac{\partial f_{ij}(\boldsymbol{x})}{\partial \boldsymbol{x}}\begin{bmatrix} C_{\text{kinematic}}(\boldsymbol{p}^*) & 0 \\ 0 & I \end{bmatrix} \tag{5.29}$$

であり，$\partial f_{ij}(\boldsymbol{x})/\partial \boldsymbol{x}$ は式 (5.16) ですでに求めた．ただし，$\boldsymbol{x}$ は式 (5.12) のとおりである．あとは 5.5.2 項と同様である．式 (5.14) の $A^{(k)}$ を上式に置き換えればよい．

5.5.4　測定例

5.5.2 項および 5.5.3 項のアルゴリズムを実装したソフトウェアが付属した市販の追尾式レーザ干渉計として，Etalon 社の Laser TRACER（図 5.17）が有名であるが，ここでは矢野ら[B29]が自作した試作機を使った測定例を示す．

例 5.2　追尾式レーザ干渉計による空間誤差の測定

図 5.19 に装置の写真を示す．追尾機構の原理は図 5.15 と同様だが，球面モータを用いて反射鏡の角度を 2 方向に制御するのが特徴である．測定対象の工作機械の構造は図 1.13 のとおりである．

多辺測量法は，測定器が 4 台（以上）あれば，リアルタイムでターゲット位置が測定できる．測定器が 1 台しかない場合，測定器の場所を 4 回（以上）変えて同じ運動を繰り返すのが一般的である．当然，工作機械の非再現性誤差は測定不確かさの要因となり得る．実験では，図 5.20 に示す POS1～4 の四つの位置に，順番に測定器を設置した．それぞれに対し，ターゲットを 1 辺 100 mm の立方体の辺上の指令位置（図 5.20 の ● 印）に停止させ，レーザ変位を測定した．測定器の位置 POS1～4 は，Z 高さを変える必要がある．この理由は 5.6 節で論じる．

図 5.21 にレーザ変位 d_{ij} の測定値を示す．この測定結果から，5.5.2 項に示した

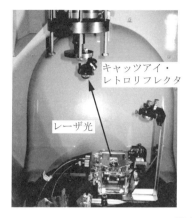

図 5.19 追尾式レーザ干渉計の試作機[B29]

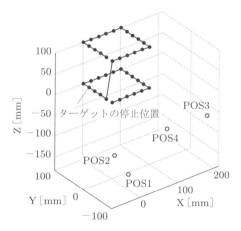

図 5.20 追尾式レーザ干渉計の設置位置とターゲットの停止位置

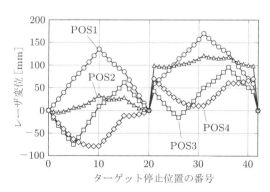

図 5.21 レーザ変位の測定値
横軸はターゲット停止位置の番号．

アルゴリズムを用いて，ターゲット位置の推定を行った結果を図 5.22 に示す．また，5.5.3 項に示したアルゴリズムを用いて，幾何誤差パラメータを同定した．一例として，図 5.23 に Y 軸の直進位置決め誤差 E_{YY}，および Y 軸のヨー E_{CY} の推定結果を示す．

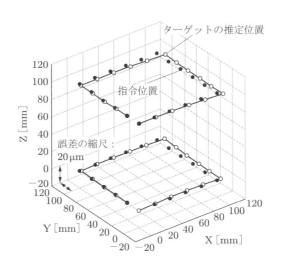

図 5.22 推定されたターゲット位置
指令位置との差を 1000 倍に拡大して表示．

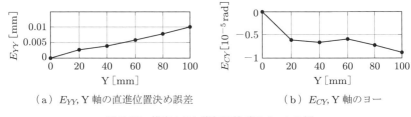

（a）E_{YY}, Y 軸の直進位置決め誤差　　（b）E_{CY}, Y 軸のヨー

図 5.23 推定された幾何誤差パラメータの例

5.6　不確かさの評価——追尾式レーザ干渉計による空間誤差推定の不確かさ

すべての測定には不確かさが含まれる．**測定の不確かさ** (measurement uncertainty) の評価法は，国際的に確立されている[A14]．良い参考書も多く[64]，本書では測定不確かさの定義や，一般的な測定不確かさの評価法は詳しくは述べない．測定不確かさの評価の一般的な手順は，大まかには以下のように書ける．

(1) 不確かさの要因を列挙する．
(2) それぞれの要因の不確かさ（**標準不確かさ**）を評価する．
(3) それらが最終的な測定量に及ぼす影響（**合成標準不確かさ**）を評価する．

ただ，前節のような測定では，要因ごとの不確かさ（標準不確かさ）が，最終的な測定量であるターゲット位置（あるいは各軸の幾何誤差）の推定の不確かさに及ぼす影響は一つの式では表せない．追尾式レーザ干渉計だけでなく，本書で述べる間接測定法の多くは，測定の生データを複雑な数式や最適化アルゴリズムで処理し，幾何誤差などを得る．たとえば5.5.2項の場合，追尾式レーザ干渉計による測定の生データ（レーザ変位 d_{ij}）と，最終的な測定目的であるターゲット位置 $\boldsymbol{p}_i$ の間の関係は，式 (5.9) で表される．レーザ変位 d_{ij} の測定不確かさがわかっても，それがターゲット位置の測定不確かさにどう伝播するのかを，一つの式で表すのは困難である．このように，不確かさの伝播を解析的に表せない場合には，**モンテカルロ (Monte Carlo) シミュレーション**を用いて合成不確かさを評価する方法が確立されている[65]．本節では，この不確かさの評価法を簡単に説明する．追尾式レーザ干渉計による位置測定の不確かさの評価を例として示すが，基本的な考え方は本書に示す測定法の多くに適用できる．

5.6.1 モンテカルロシミュレーションを用いた不確かさの評価

5.5.2 節において，追尾式レーザ干渉計自体の測定不確かさは与えられているものとする．式 (5.9) を解いて得られるターゲット位置 p_i の不確かさを評価することが目的である．次のような手順で評価する．

(1) 追尾式レーザ干渉計による空間誤差推定には様々な不確かさの要因が存在するが，この例では簡単のため，レーザ測長の不確かさだけを考える．簡単のため，レーザ測長の標準不確かさを以下で表す．

$$u(d_{ij}^*) = u_{\mathrm{rand}} + u_{\mathrm{sys}} d_{ij}^* \tag{5.30}$$

ただし，$d_{ij}^* = \|\boldsymbol{p}_i^* - \boldsymbol{P}_j^*\|$ はターゲット $\boldsymbol{p}_i^*$ と追尾式レーザ干渉計 $\boldsymbol{P}_j^*$ の間のノミナル距離を表す．u_{rand} は工作機械の位置決めの非再現性誤差などの偶然誤差を表す項で，ここでは平均 0，標準偏差 σ_{rand} の正規分布 $\aleph(0, \sigma_{\mathrm{rand}})$ で表されるものとする．一方，u_{sys} は気温の測定誤差などに起因する系統誤差で，平均 0，標準偏差 σ_{sys} の正規分布 $\aleph(0, \sigma_{\mathrm{sys}})$ で表されるものとする．

(2) レーザ変位 d_{ij} に式 (5.30) の誤差をランダムに与え（$d_{ij} = d_{ij}^* + u(d_{ij}^*)$），5.5.2 項と同じアルゴリズムを用いてターゲット位置 $\boldsymbol{p}_i$ を計算する．

(3) 上記を一定回数繰り返す（モンテカルロシミュレーション）．得られたターゲット位置 p_i の確率分布から，ターゲット位置の推定の不確かさを評価する．

5.6.2 多辺測量法の不確かさと追尾式レーザ干渉計の配置

多辺測量の原理に基づく測定の不確かさは，ターゲットと追尾式レーザ干渉計の位置関係によって変わる．これを直感的に理解するための極端な例が図 5.24 である．図 (a) のようにターゲットが追尾式レーザ干渉計のほぼ真上にあるとき，ターゲットが水平面上を移動しても，レーザ変位に及ぼす影響は小さい．逆にいうと，わずかなレーザ変位の不確かさがターゲット位置の計算結果に大きな影響を及ぼす．また，図 (b) の左図に示すように，ターゲット位置を多辺測量の原理で測定するための理想的な状態は，レーザ光が互いに直交する配置である．しかし，右図のようにターゲットが移動すれば不確かさは変化する．すなわち，ターゲットの位置によって測定不確かさが変化することが，5.5.2 項および 5.5.3 項に示した多辺測量法のアルゴリズムの特徴の一つである．

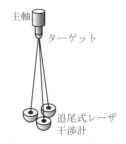

(a) レーザ測長の不確かさがターゲット位置の推定に大きな影響を及ぼす配置の例

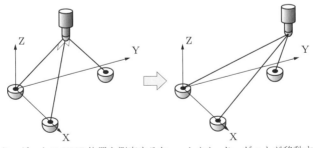

ターゲットの XYZ 位置を測定するための理想的な状態は，レーザが互いに直交する配置

しかし，ターゲットが移動すると，その状態が崩れてしまう

(b) ターゲット位置による測定不確かさの変化

図 5.24 多辺測量の不確かさと追尾式レーザ干渉計の配置

5.6 不確かさの評価——追尾式レーザ干渉計による空間誤差推定の不確かさ

例 5.3 追尾式レーザ干渉計の配置がターゲット位置の測定不確かさに及ぼす影響の評価

図 5.25(a)（セットアップ No.1）の POS1〜4 の□印は追尾式レーザ干渉計の配置を表し，例 5.2 の実験と同じである．例 5.2 で用いた追尾式レーザ干渉計の試作器[B29] は，回転軸の回転範囲が ±21° しかないという機構上の弱点があった．それから決まる測定可能範囲（POS1〜4 のすべてからレーザ光を当てることができるターゲット位置）を図 (a) の点群が示している．5.6.1 項に示した手順で，レーザ測長の不確かさに起因するターゲット位置の測定不確かさを評価した．図 5.25 の色は，ターゲット位置の合成標準不確かさ ($k = 1$) を示す．セットアップ No.1 では，大部分で不確かさが 3 μm 以下である．次に，追尾式レーザ干渉計の配置を図 (b)（セットアップ No.2）のように変えると，測定可能範囲は広がることがわかった（点群の数が増えている）．しかし，図 (b) の点の色から，レーザ測長の不確かさ自体は同じでも，それがターゲット位置の測定不確かさに及ぼす影響は大きくなった．この理由は定性的にいうと，図 5.24(a) の配置に近づいたためである．定量的に評価するためには，このような不確かさ解析が欠かせない．なお，付録 A.3 の例 A.7 では，最小二乗法の行列の特異値という観点から，追尾式レーザ干渉計の配置がターゲット位置の測定不確かさに及ぼす影響について議論しているので，そちらも参考としてほしい．

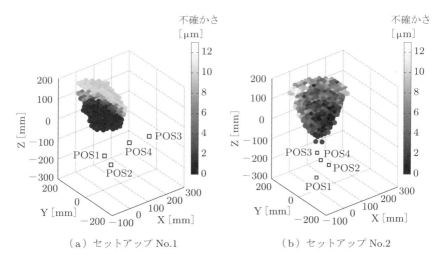

図 5.25 レーザ測長の不確かさのみを考えた場合のターゲット位置の測定不確かさ ($k = 1$)

▶**参考　オープンループ追尾式レーザ干渉計**

　図 5.16(a) のレーザ変位とレーザ方向からターゲット位置を測定する方式と異なり，図 5.16(b) の三辺測量方式は，レーザ方向の不確かさがターゲット位置の測定不確かさに大きな影響を与えない点が特長である．工作機械の場合，ターゲットの位置誤差は，大型機の場合でも数十〜数百 μm 程度以下であろう．追尾式レーザ干渉計の位置がおおむね既知であれば，ターゲットの指令位置にレーザ光を向けるだけで，同じような測定不確かさで，追尾測定が行える可能性が高い．つまり，5 軸工作機械（図 2.24）の主軸側回転軸にレーザ干渉計を取り付け，テーブルに固定されたターゲットの指令位置にレーザ光が向くように回転軸を割り出せば，図 5.15 のような自動追尾機構をもった特別な測定器を使わなくても，レーザ干渉計だけを使って多辺測量法を行うことができる．これを筆者らは**オープンループ追尾式レーザ干渉計** (open-loop tracking interferometer) とよび，論文発表した[B30, B31]．「オープンループ」とよぶ理由は，図 5.15 のようなレーザ方向をフィードバック制御する機構をもたず，目標角度に向けてオープンループ制御するからである．

第6章　回転軸の幾何誤差の間接測定

　回転軸に対して，一つひとつの誤差運動を直接測定していく従来の測定法は，2.2節に簡単に説明した．これに対して，回転軸の空間誤差を直接測定するには，回転軸を任意の角度に割り出したとき，回転軸上のある点の3次元位置（および回転軸の向き）を測定する必要がある．第5章の直進軸の場合と同様，これは難しい計測問題である．5.5節の追尾式レーザ干渉計を回転軸に適用して，三辺測量の原理で測定することは可能であるが，測定の原理は5.5節と同じであり，本章では詳しく述べない．

　回転軸単体を動かし，その位置を3次元計測することは難しい．それに対し，回転軸の回転に追従して，直進軸を動かすことで，工具−テーブル間の相対変位を測定する方法がいくつか提案されている．工具−テーブル間の距離が一定になるように追従すれば，比較的簡単で，安価な測定器が使用できる．回転軸と共に直進軸も動かすので，回転軸の誤差運動だけでなく，直進軸の誤差運動も測定結果に影響を及ぼす．しかし，一般的な工作機械では，直進軸に比べて回転軸の幾何誤差の方が大きいことが多い．直進軸と比べて，回転軸の組み立ては機械的な調整が難しい場合が多いこと，また，重力による変形などの影響を受けやすいことが原因である．そのような条件では，工具−テーブル間の相対変位には，回転軸の誤差運動がおもに影響する．

　これは回転軸の空間精度の厳密な測定とはいえないが，実用的な方法といえるだろう．3.2節の回転軸の幾何学モデルを使えば，工具−テーブル間の相対変位から，回転軸の一つひとつの誤差運動を間接測定できる．また，通常の5軸加工は，回転軸と直進軸を共に駆動して，工具−テーブル間の位置・姿勢関係が工作物の形状を決定する．工作物の形状に，回転軸の一つひとつの誤差運動がどのように影響するか理解するためにも，幾何学モデルは欠かせない．本章は，工具−テーブル間の相対変位や加工物の形状から，回転軸の誤差運動を間接測定する方法を説明する．

6.1　回転軸のボールバー（DBB）測定

6.1.1　測定法

　5.1節に述べたように，ボールバー（DBB）装置を用いて，直進2軸による円弧補間輪郭誤差を測定する円運動精度試験が，工作機械の精度検査に広く普及している．

このボールバーを用いて,回転軸の軸平均線の幾何誤差を評価する方法は,1990年代から活発に研究されてきた[66-69].この測定法は,日本の委員からISO規格化の提案が行われ[70],2014年に改定されたISO 10791-6規格[A10] (JIS B 6336-6[A23]) の附属書として規格化された.本節では,この規格に規定された測定法と,それを用いた回転軸の軸平均線の幾何誤差の同定法を説明する†.

この規格には,附属書A,B,Cがあり,それぞれ工具側に回転2軸をもつ主軸頭旋回形5軸加工機,テーブル側に回転2軸をもつテーブル旋回形5軸加工機,工具側・テーブル側に回転1軸ずつをもつテーブル・主軸頭旋回形5軸加工機を対象としている.一例として,図2.19のテーブル旋回形5軸加工機の回転テーブル(C軸)を対象とした,BK2試験を図 6.1 に示す.C軸の回転と同期して,ボールバーがつねにC軸の軸方向に向くように,X, Y軸を円弧補間運動させる(図(a)).工具先端点制御機能(3.2.1項)を使ってNCプログラムを作る場合には,工具先端点の位置は変わらず,工具のC軸周りの角度だけが変わるプログラムとすればよい.同様に,ボールバーがC軸回転の半径方向,接線方向に向くように同期運転する(図(b),

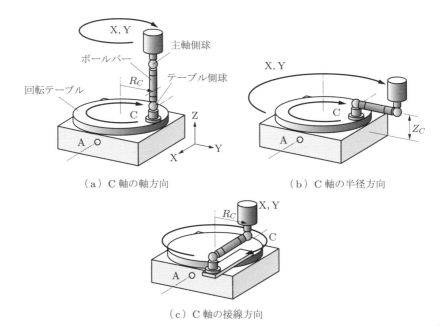

(a) C軸の軸方向　　　　　　　　(b) C軸の半径方向

(c) C軸の接線方向

図 6.1　回転テーブル(C軸)の誤差運動を評価するためのボールバー測定法(ISO 10791-6[A10], BK2)

---

† 詳細は前述の論文のほか,筆者の論文[B32]も参考にされたい.

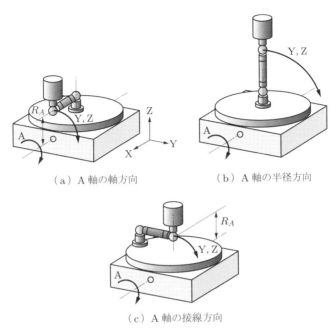

図 6.2 A 軸のボールバー測定法（ISO 10791-6[A10]，BK1）

(c))．A 軸に対しても同様に，軸方向，半径方向，接線方向の測定を行う（BK1 試験，図 6.2）．

接線方向測定（図 6.1(c)，図 6.2(c)）では，テーブル側球ではなく，主軸側球が回転半径 R_C（または R_A）の位置にあるようにする．これにより，後述する図 6.15 の R-test 測定と直進軸の運動がまったく同じになり，幾何学的に等価になるためである．

6.1.2 軸平均線の幾何誤差の同定

この測定法の長所の一つは，軸平均線の幾何誤差と測定軌跡との関係を，第 4 章の幾何学モデルを用いなくても，容易に理解できることである．たとえば，図 6.1(a) の測定で，図 6.3(a) に示すように，C 軸・X 軸平均線の間に直角度誤差があった場合を考える．ボールバー長さを C 軸回転角度を使って極座標表示すれば，図 6.3(b) に模式的に示すように，誤差軌跡が X 方向に移動する．誤差軌跡の中心位置を $(e_{x,C\mathrm{axial}}, e_{y,C\mathrm{axial}})$ とすれば，

$$e_{x,C\mathrm{axial}} = R_C \left(\beta_{AR}^0 + \beta_{CA}^0 \right), \quad e_{y,C\mathrm{axial}} = -R_C \cdot \alpha_{CA}^0 \tag{6.1}$$

となる．ただし，$R_C \in \mathbb{R}$ はテーブル側球と C 軸平均線の間の距離（図 6.1(a) 参照）

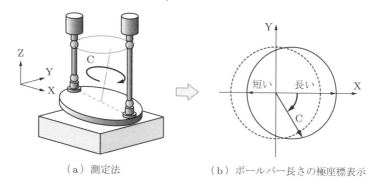

(a) 測定法　　　　　　　(b) ボールバー長さの極座標表示

図 6.3　図 6.1(a) の測定で，C 軸・X 軸平均線の間に直角度誤差があった場合の誤差軌跡

である．軸平均線の幾何誤差の定義は表 2.2 のとおりである．定義より，$A = 0°$ における C 軸平均線の Y 軸周りの傾きが $\beta_{AR}^0 + \beta_{CA}^0$ であるから，図 6.3(a) において，+X 側ではバーは $R_C \left(\beta_{AR}^0 + \beta_{CA}^0 \right)$ だけ長く，−X 側では同じだけ短くなる．したがって，図 6.3(b) のようにバーの変位を極座標表示すると，式 (6.1) の $e_{x,C\mathrm{axial}}$ だけ軌跡の中心が X 方向に移動する．$A = 0°$ における C 軸平均線の X 軸周りの傾きが α_{CA}^0 であるから，軌跡の中心の Y 方向のずれ $e_{y,C\mathrm{axial}}$ も同様に導出できる．図 6.4 に測定例を示す．測定軌跡の中心は −X 方向に約 $2\,\mu\mathrm{m}$ シフトしている．半径が全体に大きくなっているのは，測定開始点（$C = 0°$）で変位をゼロとしたためで，幾

(a) 測定の写真

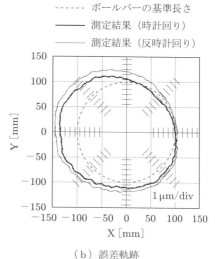

(b) 誤差軌跡

図 6.4　図 6.1(a) の測定例

何誤差の同定には影響しない.

さらに，図 6.1(b)（C 軸径方向），図 6.2(a)（A 軸軸方向），図 6.2(b)（A 軸径方向）の誤差軌跡の中心位置をそれぞれ $(e_{x,\text{Cradial}}, e_{y,\text{Cradial}})$，$(e_{y,\text{Aaxial}}, e_{z,\text{Aaxial}})$，$(e_{y,\text{Aradial}}, e_{z,\text{Aradial}})$ とすると，A, C 軸の軸平均線の幾何誤差との関係は，次のようになる.

図 6.1(b)：
$$e_{x,\text{Cradial}} = -\delta x_{CA}^0 - \left(\beta_{AR}^0 + \beta_{CA}^0\right) Z_C \tag{6.2a}$$
$$e_{y,\text{Cradial}} = -\left(\delta y_{AR}^0 + \delta y_{CA}^0\right) + \alpha_{CA}^0 \cdot Z_C \tag{6.2b}$$

図 6.2(a)：
$$e_{y,\text{Aaxial}} = -R_A \cdot \gamma_{AR}^0 \tag{6.3a}$$
$$e_{z,\text{Aaxial}} = R_A \cdot \beta_{AR}^0 \tag{6.3b}$$

図 6.2(b)：
$$e_{y,\text{Aradial}} = -\delta y_{AR}^0 \tag{6.4a}$$
$$e_{z,\text{Aradial}} = -\delta z_{AR}^0 \tag{6.4b}$$

図 6.5 に模式的に示すように，径方向の測定（図 6.1(b)，図 6.2(b)）では，回転軸の位置誤差がそのまま誤差軌跡の中心ずれとなる．ただし，式 (6.2a) の Z_C は図 6.1(b) のとおり，ボールバー球の A 軸からの Z 高さを表す．C 軸平均線の位置誤差 $(\delta x_{AR}^0, \delta y_{AR}^0 + \delta y_{CA}^0)$ は，$Z_C = 0$，すなわち A 軸の Z 位置で定義されるので，$Z_C \neq 0$ のときは C 軸平均線の傾きが式 (6.2) に影響を及ぼすことに注意が必要である．

式 (6.1)～(6.4) から，4 測定を行うことによって，八つの軸平均線の幾何誤差すべてが同定できることがわかる．

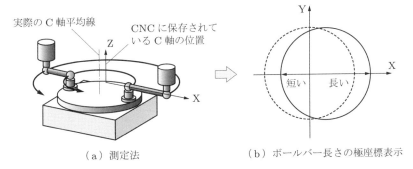

（a）測定法　　　　　　　（b）ボールバー長さの極座標表示

図 6.5 図 6.1(b) の測定で，C 軸の位置誤差があった場合の誤差軌跡

114   第 6 章　回転軸の幾何誤差の間接測定

▶注 6.1　直進軸の誤差運動の影響

　上式は，回転 2 軸の軸平均線の幾何誤差以外の誤差は存在しないと仮定している．たとえば図 6.4 の測定例は，誤差軌跡は真円ではなく，やや楕円になっているし，高周波数域の誤差成分もある．この原因は，C 軸の軸方向誤差運動の可能性もあるし，X または Y 軸の Z 方向の真直度誤差運動の可能性もある．本節の測定法は，回転軸と直進軸を同期運動させる必要がある．ボールバー測定は，主軸とテーブルの間の相対変位を測定するため，直進軸と回転軸の誤差運動を分離するのは，原理的に困難である．

　これは，ボールバー測定だけでなく，R-test 測定，タッチプローブを用いる測定など，本章で述べる，主軸とテーブルの間の相対変位の測定に基づくすべての方法に共通する課題である．本章では原則的に，直進 3 軸の幾何誤差は十分小さいと仮定する．実際には，回転軸の測定の前に直進 3 軸の幾何誤差を測定し，回転軸と比べて十分小さいことを確認しなければならない．もし十分小さくなければ，第 4 章で述べた数値補正などを行う．しかし現実的には，とくに十分に調整された小型・中型機では，直進 3 軸の幾何誤差が回転軸と比べて十分小さいと保証するのは決して容易ではない場合が多い．その場合，本章の方法の多くで，直進軸の誤差運動は測定不確かさの要因となる．

▶注 6.2　回転軸の幾何誤差の静的測定

　ISO 10791-1[A9]（JIS B 6336-1[A22]）は，横形マシニングセンタを対象に，直進軸および回転軸の幾何誤差（軸平均線の幾何誤差および誤差運動）を評価するための試験法を規定している[†1]．ISO 10791-1 は 2015 年の改定で，5 軸加工機の回転軸に対する試験法が多く追加された．図 6.6 に一例を示す．横形マシニングセンタの回転テーブル（B 軸）を対象とした例である．ダイヤルゲージなどの変位計と，ブロックゲージや円筒スコヤなどの測定基準を用いて，B 軸・X 軸平均線の直角度（図 (a)），B 軸・Y 軸平均線の平行度（図 (b)）を測定する．測定値を連続的に取得するボールバー測定と異なり，**静的測定** (static test) とは，限られた数の位置で，機械を停止した状態で変位測定するものである（図 6.6 の例では，(a)，(b) 共に 2 点でダイヤルゲージを読み取り，両者の差を報告する）[†2]．しかし，本質的には

[†1] ISO 10791-2, -3 は，それぞれ立形マシニングセンタ，連続割出万能主軸頭をもつ垂直 Z 軸のマシニングセンタを対象とした規格で，ISO 10791-1[A9] と同様に，5 軸加工機の回転軸に対する試験法が現行規格に追加される予定である．2017 年 1 月現在改定作業中で，未発行である．

[†2] たとえば，図 1.5 の真直度測定は，機械を動かしながら測定する．しかしこの測定は，送り速度に依存しない，たとえ低速でも現れる静的な真直度誤差運動を観察するのがおもな目的である．このように機械が停止した状態で測定するのではないが，静的な誤差運動の評価をおもな目的とする試験を，ISO 230-1[A1]（JIS B 6190-1[A16]）は**準静的** (quasi-static) な試験とよんでいる．

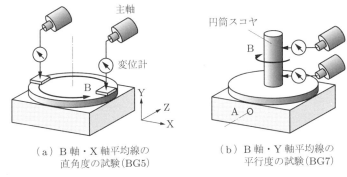

(a) B軸・X軸平均線の
直角度の試験(BG5)

(b) B軸・Y軸平均線の
平行度の試験(BG7)

図 6.6　ISO 10791-1[A9] に規定された回転軸の幾何誤差の静的試験の例

ISO 10791-6[A10] の測定と同様といえる試験法は多い．

例 6.1　旋盤形複合加工機のミリング主軸回転軸のボールバー測定

6.1.2 項では回転軸の静的な誤差である，軸平均線の幾何誤差の評価法を重点的に述べたが，ボールバー測定は動的測定であり，動的誤差の評価もできる．本書では，動的誤差の評価には主眼を置かないが，ボールバーを使った動的測定の例を一つ示そう．図 2.26 の軸構成をもつ旋盤形複合加工機の，ミリング主軸の回転軸（A軸）を測定対象とした（詳細は筆者の論文 [B33] を参照のこと）．

ここでは，図 6.7, 6.8 に示すボールバー測定を行った．図 6.7 は，回転軸（A軸）の半径方向にボールバーが向くように，A 軸と Y・Z 軸を同期運転する．図 6.1(b) と同様の測定である．しかし，図 6.1(c) に対応する A 軸の接線方向の測定は，旋盤形複合加工機は直進軸（とくに X 軸および Y 軸）のストロークが短く，実施が難しい場合がある．そこで，図 6.8 に示した二つの測定を行った．図 (a) および (b) のように測定された，ボールバーの伸縮量を $\Delta r_{b1}(a)$, $\Delta r_{b2}(a)$ とする．ただし，

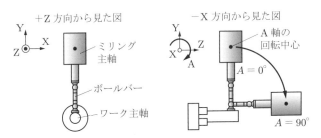

図 6.7　A 軸の径方向誤差運動を測定するためのボールバー測定

ボールバーの向きはつねに A 軸の半径方向となるように，A 軸と Y・Z 軸を同期運転する．

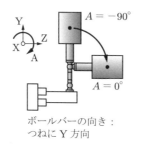
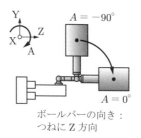

（a）Y軸方向の誤差運動の測定　　（b）Z軸方向の誤差運動の測定

図 6.8　旋盤形複合加工機のミリング主軸回転軸（A 軸）のボールバー測定手順

a は A 軸の指令角度である．このとき，A 軸の接線方向の誤差成分 $\Delta r_t(a)$ は，次式で得られる．

$$\Delta r_t(a) = \Delta r_{b1}(a) \cos a + \Delta r_{b2}(a) \sin a$$

ただし，円軌道の中心は，ワーク主軸側の球中心に一致するように調整しなくてはならない．

　まず，機械 A のミリング主軸回転軸の測定を行った．図 6.7 で測定された径方向の誤差成分 $\Delta r_r(a)$，および図 6.8 で測定された接線方向の誤差成分 $\Delta r_t(a)$ を，図 6.9 に示す．A 軸は，サーボモータの動力をウォームギアを介して減速し駆動される．サーボモータの軸にロータリーエンコーダが取り付けられ，その回転角度をフィードバック制御する．

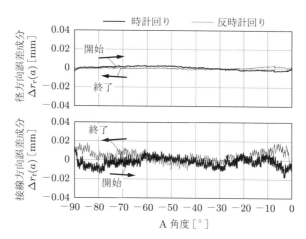

図 6.9　ミリング主軸回転軸（A 軸）のボールバー測定結果
（送り速度：500 mm/min）

測定結果により，以下が観察できる．半径方向の運動誤差 $\Delta r_r(a)$ が $\pm 3\,\mu m$ 以下であるのに対し，接線方向の誤差成分 $\Delta r_t(a)$ は $\pm 20\,\mu m$ 以下とかなり大きい．$\Delta r_t(a)$ には2種の周期的誤差が観察できる．まず，周期約 $3°$ の周期的誤差成分の原因は，A軸のウォームホイールの歯数が108枚であり，ホイールの歯にギアが接触する周期は $360°/108 = 3.3°$ であることから，ホイールの歯とギアの歯の接触にあると考えられる．これを確認するため，送り速度を $2000\,mm/min$ と上げて，同様に $\Delta r_t(a)$ を測定した結果を図 6.10 に示す．送り速度を上げてもA角度の周期は変わらない．また，この振動成分は送り速度を上げることで振幅が増大し，同時多軸運動による輪郭加工において，加工面の品位に悪影響を及ぼす可能性が大きい．また，上記よりも高い周波数の振動も観測される．この成分の振幅は約 $6\,\mu m$ で，送り速度が上がっても振幅の変化は小さい．CNC 制御システムの A 軸の位置決め分解能が $0.001°$ であり，これは工具端における円周方向変位に換算すると約 $6.6\,\mu m$ であることから，この振動成分の振幅は A 軸の位置決め分解能と同程度とみなすことができ，フィードバック制御に起因する振動であると思われる．

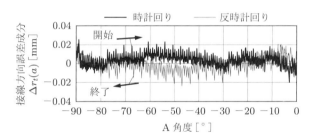

図 6.10　A軸の接線方向の誤差成分 $\Delta r_t(a)$ の測定結果
（送り速度：$2000\,mm/min$）

▶注 6.3　回転軸の動力伝達機構と軸受

例 6.1 のように，回転軸の誤差運動に現れる周期成分は，動力伝達機構，および軸受が原因である場合が多い．回転軸に一般的に使われる動力伝達機構，および軸受を簡単にまとめておく．

工作機械の回転軸（回転テーブルや傾斜軸）に使われる動力伝達機構（減速機構）は，**ウォームギア**（worm gear，図 6.11）や**ローラギアカム**（roller gear cam，図 6.12）が用いられることが多い．与圧の調整によってバックラッシュを最小化できることが，広く使われている理由の一つであるが，例 6.1 のように，ウォームホイールやローラフォロアの歯の間隔に対応した周期成分が，回転軸の誤差運動に現れる場合がある．そのため，とくに回転テーブルでは，減速機構をもたず，モータのロー

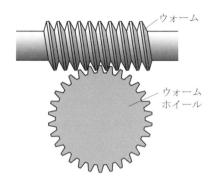

図 6.11　ウォームギア
ねじ歯車（ウォーム）とはす歯歯車（ウォームホイール）を組み合わせた機構.

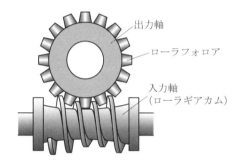

図 6.12　ローラギアカムを用いた動力伝達機構
スクリュー形状をした入力軸から，ローラフォロアが放射状に埋め込まれた出力軸に動力伝達される.

タを回転軸に直結（一体化）した**ダイレクトドライブ** (direct drive) も最近は増えている．ダイレクトドライブは，高速性，高応答性，コンパクトな設計が可能といった長所をもち，ギアの歯に起因する周期的な誤差の影響も受けない．傾斜軸には，ハーモニックドライブ（波動歯車装置）や，平歯車列（ダブルピニオンでバックラッシュを低減することが多い）など，その他の動力伝達機構を用いた製品もある．

　回転軸の軸受は，玉軸受のほかに，90°のV溝に円筒コロが交互に向きを変えて並べられた**クロスローラ軸受**（cross roller bearing, 図 6.13）が使われることが多い．玉軸受はラジアル方向，スラスト方向の二つを組み合わせて使うことが多いのに対し，クロスローラ軸受の場合は，一つでラジアル荷重，スラスト荷重，曲げモーメントに対する剛性を確保できるのが特徴である．ただし，コロの間隔に対応した周期的な誤差運動が生じる場合がある．

図 6.13 クロスローラ軸受

6.2 R-test 測定

6.2.1 測定器

6.1 節では,ボールバー装置は球の変位を測定する変位計として使っている.図 6.14 に示すように,主軸に変位計(ダイヤルゲージなど)を取り付けてテーブルの球に当てても(変位計の接触面は平面の方がよい),図 6.1(a) と本質的に同じ測定といえる.もし,機械の Z 位置が同じなら,運動軌跡はまったく同じとなる.実際,ISO 10791-6[A10](JIS B 6336-6[A23])には,ボールバー,基準球と変位計,さらに本節で述べる R-test 装置のいずれを使ってもよいと書かれている.

変位計を 3 本,回転軸の軸方向・接線方向・径方向から球に当てれば,図 6.1(a)〜(c) と同等の測定を,一度に行うことができる.これが **R-test 測定**の原理である.図 6.15 に R-test 測定の模式図を示す.変位計は厳密に軸方向・接線方向・径方向に配置する必要はなく,おのおのの方向があらかじめ較正されていれば,任意の直交 3 方向の変位に換算できる.図 6.16 に筆者らが製作した R-test 測定器を示す.主軸に基準球を付け,回転を固定する.変位計治具はテーブル側に固定され,3 本の変位計が,おおむね球の中心を向くように取り付けられる.あらかじめ較正された 3 本の変位計

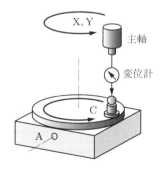

図 6.14 変位計を使った C 軸軸方向の測定

図 6.1(a) と同等の測定 (ISO 10791-6[A10], BK2).

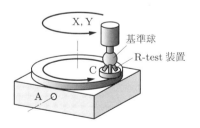

図 6.15 R-test 測定

図 6.1(a)〜(c) と同等の測定を,一度に行える (ISO 10791-6[A10], BK2).

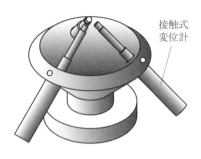

(a) 外観写真　　　　　　　　(b) 模式図

図 6.16　R-test 装置の例

の方向ベクトルを用いて，おのおのの変位を，球の X, Y, Z 方向変位に変換する．

この測定器は，チューリッヒ工科大学の Weikert[71] がはじめて論文発表した．しかし，本質的に同じ測定器は昔から使われている．主軸に取り付けた球の 3 次元変位を X, Y, Z 方向に固定した 3 本の変位計で測定し，主軸回転の誤差運動を評価する方法は ISO 230-7[A5]（JIS B 6190-7[A20]）にも規定されているが，測定器自体は同様といえる．ただし，R-test 測定器では，変位計と球のステムが干渉せずに測定できる角度を広げるために，3 本の変位計は直交しない場合が多い．Bringmann ら[72] が R-test 測定により軸平均線の幾何誤差を同定する方法を示し，実用性が注目されるようになった†．

6.2.2　測定手順

R-test 測定の測定手順を，以下に示す．

(1) **変位計の読みから球の 3 次元変位を計算する基本式**：i 番目の変位計の方向を表す単位ベクトルが，$\bm{v}_i \in \mathbb{R}^{3\times 1}$ $(i=1,2,3)$ で与えられているものとする．図 6.17 に示すように，球中心がベクトル $\bm{p}_j \in \mathbb{R}^{3\times 1}$ $(j=1,\cdots,N)$ だけ移動し，変位計が $d_{ij} \in \mathbb{R}$ だけ伸縮したとする．変位 d_{ij} は，ベクトル $\bm{p}_j$ の $\bm{v}_i$ が表す直線への投影と考えることができるから，$\bm{p}_j$ と $\bm{v}_i$ の内積で表すことができる（図 5.2 参照）．$\bm{v}_i$ $(i=1,2,3)$ を組み合わせて，次のようになる．

---

† 現在では市販品もある（IBS Precision 社）．本節の内容の詳細は，筆者の論文 [B34, B35] を参考とされたい．筆者らは，本節で説明するアルゴリズムを実装した，R-test 測定の実施・解析・補正データの作成を行うソフトウェアを開発した[B36, B37]．このソフトウェアは，福田交易(株)から「FKD システム」の名称で販売されている．

6.2 R-test 測定

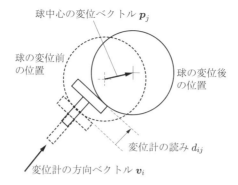

図 6.17 変位計の方向・読みと球の変位ベクトルの関係

$$\boldsymbol{p}_j^T = \begin{bmatrix} d_{1j} & d_{2j} & d_{3j} \end{bmatrix} \cdot \begin{bmatrix} \boldsymbol{v}_1 & \boldsymbol{v}_2 & \boldsymbol{v}_3 \end{bmatrix} \tag{6.5}$$

図に示したように,変位計は球に平面で接触しなければならない.たとえば,接触子が球であると,上式のように単純な式では表せない.

(2) **変位計の方向ベクトルの同定**:変位計の方向ベクトル $\boldsymbol{v}_i$ は,工作機械の直進軸の運動を利用して同定する.3本の変位計の読みがゼロであるときの球中心の位置を原点として,球を j 番目の指令位置 $\boldsymbol{p}_j^* \in \mathbb{R}^{3\times 1}$ ($j = 1,\cdots,N$) に位置決めする.i 番目の変位計の読みが $d_{ij} \in \mathbb{R}$ だったとすると,変位計の方向ベクトル $\boldsymbol{v}_i$ は,以下の最小二乗問題を解くことで得られる.

$$\min_{\boldsymbol{v}_1,\boldsymbol{v}_2,\boldsymbol{v}_3} \sum_{j=1}^N \left\| \begin{bmatrix} d_{1j} & d_{2j} & d_{3j} \end{bmatrix} - \boldsymbol{p}_j^{*T} \cdot \begin{bmatrix} \boldsymbol{v}_1 & \boldsymbol{v}_2 & \boldsymbol{v}_3 \end{bmatrix} \right\|^2 \tag{6.6}$$

一般に,指令位置 $\boldsymbol{p}_j^*$ は,辺の長さ 0.5〜1.0 mm 程度の立方体の頂点や,辺の中点にとる(立方体の大きさは,変位計のストロークや,予想される機械の誤差の大きさなどから決める).球の移動距離に対して,工作機械の位置決め誤差は十分小さいと考えることができるので,変位計の読みの線形性が十分高ければ,変位計の方向ベクトルの同定に対する工作機械の位置決め誤差の影響は十分小さいと考えることができる.

(3) **球の芯ずれの同定**:球の中心位置と主軸の回転軸のずれ(**球の芯ずれ**とよぶ)は工作機械の誤差ではない.ねじなどを使って球の微動調整機構を作り,球の中心と主軸の回転軸を機械的に一致させる.あるいは,より簡便なのは,R-test 測定器を用いて測定し,その影響を数値的に除去する方法である.3本の変位計が球に接触している状態で,主軸を低速で回す(手で回してもよい).変位計の読み d_{ij} を連続的に測定し,式 (6.5) により球中心の変位 $\boldsymbol{p}_j$ に変換する.

球の芯ずれが存在すれば，$\boldsymbol{p}_j$ の軌跡はおおむね円となる．最小二乗法を用いて軌跡の中心 $^r\boldsymbol{p}_{\text{center}} \in \mathbb{R}^{2\times 1}$ を計算する（付録 A.1，例 A.2 参照）．そのまま主軸を機械的に固定し，$^r\boldsymbol{p}_{\text{center}}$ から見た現在の球位置 $^r\boldsymbol{p}_{\text{offset}} \in \mathbb{R}^{2\times 1}$ を測定する．

(4) **工具長の測定**：主軸ゲージラインから球中心までの距離（**工具長**とよぶ）を，工具プリセッタ等を用いて測定する．

(5) **静的測定のサイクル**：ISO 10791-6[A10]（JIS B 6336-6[A23]）の附属書に規定された試験法では，図 6.15 のように，回転軸を一定速度で回転し，連続的に測定を行う．しかし，幾何誤差の同定を目的とする場合，一定角度ごとに停止し，停止時の球の位置を測定する方が望ましい．ここではこれを**静的測定のサイクル**とよぶ．

例として，図 3.15 に示したテーブル旋回形 5 軸加工機（B，C 軸）を対象とした R-test 静的測定サイクルを**図 6.18** に示す．回転テーブル上に R-test 装置を固定し，$B = C = 0°$ として，主軸に取り付けた基準球を，三つの変位計がおおむね球中心を向く位置に配置する．このときのワーク座標系での球中心位置を $^w\boldsymbol{p}^* \in \mathbb{R}^3$ とする．$B = 0°$（テーブル水平）の状態で，C 軸（回転テーブル）を一定角度ごとに割り出す．主軸側の基準球は，R-test 測定器との相対変位がゼロとなるような指令位置に位置決めする（図 (a)）．これを様々な B 角度で繰り返す（図 (b)）．B，C 軸の指令角度をそれぞれ $b_i, c_j \in \mathbb{R}$ とすると，機械座標系での基準球の指令位置 $^r\boldsymbol{p}^*(b_i, c_j) \in \mathbb{R}^3$ は，

$$\begin{bmatrix} ^r\boldsymbol{p}^*(b_i,c_j) \\ 1 \end{bmatrix} = D_b(-b_i)D_c(-c_j)\begin{bmatrix} ^w\boldsymbol{p}^* \\ 1 \end{bmatrix} \quad (6.7)$$

で計算できる．ただし，2.3.2 項のとおり，機械座標系の原点は回転 2 軸のノミナルな交点とする．工具先端点制御機能（3.2.1 項参照）を使って NC プログラムを作るときは，工具先端点の位置はつねに $^w\boldsymbol{p}^*$ のまま，工具姿勢だけが変わるようにプログラムする．なお，第 4 章と同様，左上添え字の「r」は機械座標系のベクトル，「w」はワーク座標系のベクトルを表す．

軸平均線の幾何誤差，および B 軸の角度依存幾何誤差を同定するためには，以上の測定のみでよい．C 軸の角度依存幾何誤差まで同定するには，R-test 測定器の設置位置を変えて，同様の測定を繰り返す必要がある（図 (c)）．これは，各 (b_i, c_j) において，C 軸の回転中心軸が平行移動したのか傾いたのかを区別することは，テーブル上の 1 点を測定するだけでは不可能であるためである．

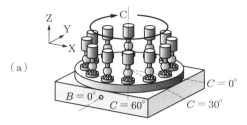

(a) $B = 0°$ のとき，C 軸を一定角度で割り出す．X, Y 軸はそれに追従して位置決めする．停止時の球変位を R-test 装置で測定する．

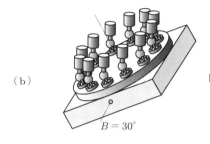

(b) 同様の測定を様々な B 角度で行う．

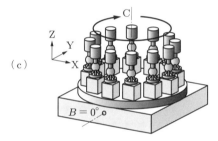

(c) (a), (b) と同様の測定を R-test 装置の設置高さを変えて行う．

図 6.18　テーブル旋回形 5 軸加工機 (B, C 軸) の R-test 静的測定のサイクル

主軸頭旋回形の場合も，基本的には同様である．図 2.24 の主軸頭旋回形 5 軸加工機 (C, B 軸) を対象とした測定サイクルを図 6.19 に示す．工具に近い方の回転軸 (B 軸) を一定角度ごとに割り出す．主軸先端の球のワーク座標系での位置が動かないように，直進軸を同期運動させる．これを，もう一つの回転軸 (C 軸) の角度を変えて繰り返す．

6.2.3　R-test 測定結果の図示

R-test 測定の特長は，回転軸の回転を 3 次元軌跡として見ることができる点にある．図 3.15 のテーブル旋回形 5 軸加工機 (B, C 軸) を例とする．回転角度 (b_i, c_j) での変位計の読みから，式 (6.5) を使って換算した球変位を $^w\boldsymbol{p}(b_i, c_j) \in \mathbb{R}^3$ とする．テーブル旋回形の測定 (図 6.18) では，測定器は回転テーブルと一緒に回転するので，R-test 測定された球変位はワーク座標系でのものである．もし，機械に誤差がまった

(a)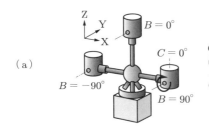

$C=0°$ のとき，B 軸を一定角度で割り出す．主軸端の球の位置が変わらないように，X, Z 軸は位置決めする．停止時の球変位を R-test 装置で測定する．

(b)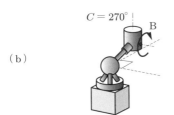

同様の測定を様々な C 角度で行う．

図 6.19 主軸頭旋回形 5 軸加工機（C, B 軸）の R-test 静的測定のサイクル

くなければ，球変位 ${}^w\boldsymbol{p}(b_i,c_j)$ は ${}^w\boldsymbol{p}^*$ からまったく変化しない．このままでは直感的な理解が難しいので，次式によって機械座標系に変換する（式 (3.35) を参照）．

$$\begin{bmatrix} {}^r\boldsymbol{p}(b_i,c_j) \\ 1 \end{bmatrix} = {}^rT_w^* \begin{bmatrix} -{}^w\boldsymbol{p}(b_i,c_j) \\ 1 \end{bmatrix}, \quad {}^rT_w^* := D_b(-b_i)D_c(-c_j) \quad (6.8)$$

${}^w\boldsymbol{p}(b_i,c_j)$ にマイナスを掛けるのは，主軸から見た，測定器（回転テーブル）の変位を図示するためである．

なお，6.2.2 項の手順 (3) で同定した球の芯ずれ ${}^r\boldsymbol{p}_{\text{offset}}$ が，球の変位 ${}^w\boldsymbol{p}(b_i,c_j)$ に及ぼす影響は，式 (6.8) の ${}^rT_w^*$ の逆行列を使って，次のようになる．

$$\begin{bmatrix} {}^w\hat{\boldsymbol{p}}_{\text{offset}}(b_i,c_j) \\ 1 \end{bmatrix} = ({}^rT_w^*)^{-1} \begin{bmatrix} {}^r\boldsymbol{p}_{\text{offset}} \\ 1 \end{bmatrix} \quad (6.9)$$

${}^w\hat{\boldsymbol{p}}_{\text{offset}}$ を球の変位 ${}^w\boldsymbol{p}(b_i,c_j)$ から除去することで，球の芯ずれの影響を補正する．

■ 例 6.2　テーブル旋回形 5 軸加工機（B, C 軸）の R-test 測定例

図 3.15 に示したテーブル旋回形 5 軸加工機（B, C 軸）を対象とした R-test 測定の写真を，**図 6.20** に示す．この例では，B, C 軸の指令角度は，

$$b_i = -75°, -60°, -30°, \cdots, 60°, 75° \quad (i=1,\cdots,7) \quad (6.10)$$

$$c_j = 0°, 30°, \cdots, 330° \quad (j=1,\cdots,12) \quad (6.11)$$

であり，計 $7 \times 12 = 84$ 点で測定を行った．

図 6.20　R-test 測定の様子（テーブル旋回形，$B = -75°$ での測定）

図 6.21(a) は，$B = 0°$（テーブルが水平）の状態で，C 軸を上記の角度に割り出したとき，球中心の指令位置 $^r\boldsymbol{p}^*(b_i, c_j)$ と，測定位置 $^r\boldsymbol{p}(b_i, c_j)$ の差を，拡大して 3 次元表示したものである．R-test 測定器の設置高さを約 100 mm 変えて測定した二つの軌跡を合わせて示した．XY 面，および XZ 面への投影をそれぞれ図 (b)，(c) に示す．また，図 (d) は，$b_i = -75°$ のときの測定結果である．軌跡の傾きが見やすいように，網かけした円で軌跡の平均円を示している．

R-test 測定の優れた点は，次節に示す幾何誤差の数値的な同定を行わなくても，これらの 3 次元軌跡から，回転軸の誤差運動の特徴の多くを直感的に理解することができる点にある．たとえば，以下のようなことがわかる．

- 図 6.21(c) では，測定軌跡が Y 軸周りに約 $5\,\mu\text{m}/200\,\text{mm}$ 傾いているが，これは C 軸平均線と X 軸平均線との直角度誤差が原因である（このような誤差軌跡になる理由は，図 6.3 と同様である）．同時に，XZ 面への投影がわずかに楕円になっているのは，X 軸周りにも傾いていることを表している．
- 図 (b) から，低い方の設置位置では，測定軌跡と指令軌跡の中心のずれは小さいことがわかる．これは，C 軸の位置誤差は小さいことを示している（C 軸中心の位置誤差が測定軌跡の中心のずれとなるのは，図 6.5 と同様である）．
- 図 (d) では，$b_i = 0°$ と比べて，$b_i = -75°$ では楕円の短軸が長くなっていることがわかる．これは，C 軸と Y 軸の直角度誤差が大きくなったことを示している．すなわち，C 軸の倒れは B 軸の回転と共に変化している．これは B 軸の傾斜誤差運動が原因と解釈できる．

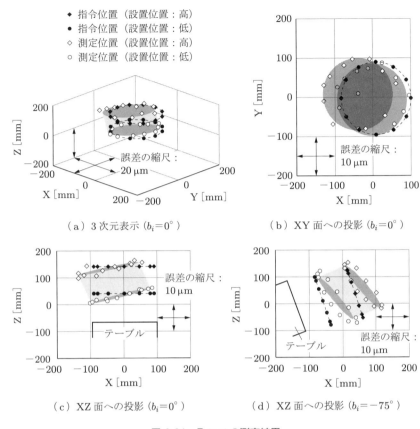

図 6.21 R-test の測定結果
球中心の指令位置と実測位置の差を 1 万倍に拡大している．網かけした円盤は，実測軌跡の平均円を表す．

例 6.3 主軸頭旋回形 5 軸加工機（C, B 軸）の R-test 測定例

主軸側回転軸の場合は，回転軸の誤差運動を直感的に理解しやすいように，C 軸座標系での球変位（すなわち B 軸から見た球の位置）に変換して表示する（**図 6.22**）．幾何誤差がまったくないとき，C 軸座標系における球中心の指令位置は，式 (3.50) を使って，次のようになる．

$$\begin{bmatrix} {}^c\boldsymbol{p}^*(c_i, b_j) \\ 1 \end{bmatrix} = {}^cT_b^* {}^bT_t^* \begin{bmatrix} {}^t\boldsymbol{p}^* \\ 1 \end{bmatrix} = D_b(b_j) D_z(-d_{BT}^*) \begin{bmatrix} 0 \\ 0 \\ 0 \\ 1 \end{bmatrix} \quad (6.12)$$

R-test 測定器はテーブル上に固定されているため，機械座標系（Z 軸座標系）での

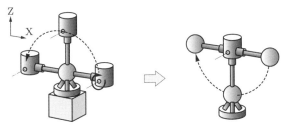

(a) テーブルから見た場合　　　(b) B 軸から見た場合

図 6.22　主軸側回転軸の測定軌跡の座標変換

球変位が測定される．C, B 軸角度 (c_i, b_j) で測定された球の変位を $^r\boldsymbol{p}(c_i, b_j) \in \mathbb{R}^3$ とすると，C 座標系での球の測定位置は，

$$\begin{bmatrix} ^c\boldsymbol{p}(c_i, b_j) \\ 1 \end{bmatrix} = \begin{bmatrix} ^c\boldsymbol{p}^*(c_i, b_j) \\ 1 \end{bmatrix} + (^rT_c^*)^{-1}\begin{bmatrix} ^r\boldsymbol{p}(c_i, b_j) \\ 1 \end{bmatrix},$$
$$^rT_c^* := D_c(c_i) \tag{6.13}$$

となる．これをプロットする．

図 6.23 に R-test 測定の写真を示す．図 6.24 は，$c_i = 0°$ において，B 軸を $b_j = 90°, 60°, \cdots, -90°$ に割り出し，測定した球変位 $^c\boldsymbol{p}(c_i, b_j)$ を示す．B 軸の負方向，正方向の順に，往復運動を行った．指令位置と測定位置の差は，1 万倍に拡大して表示している．工具長 d_{BT}^*（B 軸と球中心の間の距離）を 2 通りに変えて行い，その両方の測定結果を示している．たとえば，以下のことがわかる．

- 図 (b) では，球の指令位置と測定位置の差は，最大 100 μm 程度もある．これは B 軸の位置誤差（δx_{TB}^0 および δz_{TB}^0）がおもな原因である．

図 6.23　R-test 測定の様子（主軸頭旋回形）

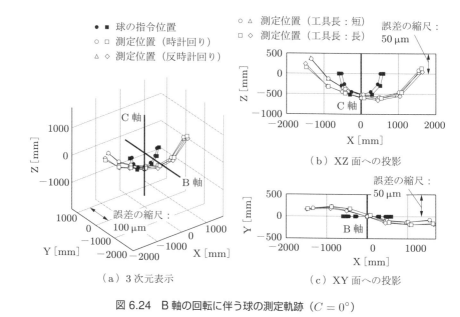

図 6.24 B 軸の回転に伴う球の測定軌跡 ($C = 0°$)

- 図 (c) では，B 軸の軸方向誤差運動 $\delta y_{BC}(b_j)$ が観察できる．
- 図 (b) の $b_j = 90°$（$-$X 側の端）では，工具長が長いときと短いときで球の Z 位置が約 20 μm 異なる．これは B 軸の角度位置決め偏差 $\beta_{BC}(c_i, b_j)$ を表している．

6.2.4 回転軸の軸平均線の幾何誤差の同定

6.1 節のボールバー法と比べて，R-test 測定の優れた点は，1 回の測定でより多くの情報が得られる点にある．主軸端に付けた球の変位を測定するという原理は同じであり，図 6.15 の R-test 測定を図 6.1 の 3 回のボールバー測定で行うことは可能である．しかし，図 6.18 のように，様々な B 角度で同様の測定をボールバーで行うことは，現実的には困難である．このような測定を高能率に，自動的に行えることが R-test 測定の長所である．

R-test 測定の場合，回転軸の幾何誤差と測定結果の関係を式 (6.1)〜(6.4) のような単純な式で表すことはできない．この関係を導出するには，3.2 節の幾何学モデルが必要不可欠である．本項では，図 3.15 のテーブル旋回形 5 軸加工機（B, C 軸）を例に説明する．

アルゴリズムの目的は，R-test 測定された球変位から，表 2.3 に示した回転軸の軸平均線の幾何誤差，計 8 個を同定することである（ただし，表 2.3 は A 軸をもつ機械

であるので，B軸に読み替える）．これらを次のようにベクトル表記する．

$$\boldsymbol{\omega}_0 = [\ \delta x_{BR}^0 \quad \delta y_{BR}^0 \quad \delta z_{BR}^0 \quad \alpha_{BR}^0 \quad \beta_{BR}^0 \quad \gamma_{BR}^0 \quad \delta x_{CB}^0 \quad \alpha_{CB}^0\ ]^T \qquad (6.14)$$

回転軸の指令値が (b_i, c_j) のとき，R-test 測定器により測定されたワーク座標系での球位置を ${}^w\bar{\boldsymbol{p}}(b_i, c_j) \in \mathbb{R}^3$ とする．ここで，「¯」は測定量を表す記号とする．例 3.8 に示したとおり，球変位 ${}^w\boldsymbol{p}(b_i, c_j)$ と軸平均線の幾何誤差 $\boldsymbol{\omega}_0$ の関係は，式 (3.43)，(3.44) の幾何学モデルで表される．$\boldsymbol{\omega}_0$ の各成分が微小のときには，以下の線形近似が成立するはずである．

$$ {}^w\boldsymbol{p}(b_i, c_j) \approx \frac{\partial {}^w\boldsymbol{p}(b_i, c_j)}{\partial \boldsymbol{\omega}_0} \boldsymbol{\omega}_0 \qquad (6.15)$$

ここで，

$$\frac{\partial {}^w\boldsymbol{p}(b_i, c_j)}{\partial \boldsymbol{\omega}_0} := \begin{bmatrix} \dfrac{\partial {}^w p_x(b_i, c_j)}{\partial \omega_0(1)} & \cdots & \dfrac{\partial {}^w p_x(b_i, c_j)}{\partial \omega_0(8)} \\ \dfrac{\partial {}^w p_y(b_i, c_j)}{\partial \omega_0(1)} & \cdots & \dfrac{\partial {}^w p_y(b_i, c_j)}{\partial \omega_0(8)} \\ \dfrac{\partial {}^w p_z(b_i, c_j)}{\partial \omega_0(1)} & \cdots & \dfrac{\partial {}^w p_z(b_i, c_j)}{\partial \omega_0(8)} \end{bmatrix} \in \mathbb{R}^{3\times 8} \qquad (6.16)$$

はヤコビ行列である．ただし，$({}^w p_x(b_i, c_j), {}^w p_y(b_i, c_j), {}^w p_z(b_i, c_j))$ は ${}^w\boldsymbol{p}(b_i, c_j)$ の X，Y，Z 成分である．また，$\omega_0(1) \sim \omega_0(8)$ は式 (6.14) の成分で，たとえば $\omega_0(1) = \delta x_{BR}^0$，$\omega_0(8) = \alpha_{CB}^0$ である．

軸平均線の幾何誤差 $\boldsymbol{\omega}_0$ を同定する方法の基本的な考え方は，式 (3.43)，(3.44) の幾何学モデルから推定される ${}^w\boldsymbol{p}(b_i, c_j)$ と，R-test 測定の実測位置 ${}^w\bar{\boldsymbol{p}}(b_i, c_j)$ ができる限り近くなるように，$\boldsymbol{\omega}_0$ を決定するというものである．

ここで注意すべきことは，変位計は絶対的な距離を測定することはできず，どこかで（通常は $b_1 = c_1 = 0°$ で）変位をゼロとし，そこからの相対変位しか測定できないことである．すなわち，

$$ {}^w\bar{\boldsymbol{p}}(b_i, c_j) = {}^w\boldsymbol{p}(b_i, c_j) - {}^w\boldsymbol{p}(b_1, c_1) \qquad (6.17)$$

となる．この影響を考慮すると，軸平均線の幾何誤差 $\boldsymbol{\omega}_0$ は以下の最小化問題を解くことによって同定できる．

$$\min_{\hat{\boldsymbol{\omega}}_0} \sum_{i,j} \left\| {}^w\bar{\boldsymbol{p}}(b_i, c_j) - \left(\frac{\partial {}^w\boldsymbol{p}(b_i, c_j)}{\partial \boldsymbol{\omega}_0} - \frac{\partial {}^w\boldsymbol{p}(b_1, c_1)}{\partial \boldsymbol{\omega}_0} \right) \hat{\boldsymbol{\omega}}_0 \right\|^2 \qquad (6.18)$$

式 (6.18) は，最小二乗法によって解くことができる（付録 A.1 参照）．

130　第 6 章　回転軸の幾何誤差の間接測定

$$\hat{\boldsymbol{\omega}}_0 = (A^T A)^{-1} A^T \left\{{}^w\bar{\boldsymbol{p}}(b_i, c_j)\right\}_{i,j} \tag{6.19}$$

ただし,

$$A := \left[\frac{\partial {}^w\boldsymbol{p}(b_i, c_j)}{\partial \boldsymbol{\omega}_0} - \frac{\partial {}^w\boldsymbol{p}(b_1, c_1)}{\partial \boldsymbol{\omega}_0}\right]_{i=1,\cdots,N_b, j=1,\cdots,N_c} \in \mathbb{R}^{3N_b N_c \times 8} \tag{6.20}$$

$$\left\{{}^w\bar{\boldsymbol{p}}(b_i, c_j)\right\}_{i,j} \in \mathbb{R}^{3N_b N_c \times 1} \tag{6.21}$$

である.式 (6.16) のヤコビ行列は式 (3.43), (3.44) の幾何学モデルから,解析的に求めることができる.たとえば,式 (6.16) のヤコビ行列の第 5 列は,式 (3.44) の Δx ~ Δc を β_{BR}^0 で偏微分して,

$$\frac{\partial {}^w\boldsymbol{p}(b_j, c_j)}{\partial \beta_{BR}^0} = \begin{bmatrix} -\cos c_j \, {}^w p_z^*(b_i, c_j) \\ -\sin c_j \, {}^w p_z^*(b_i, c_j) \\ \cos c_j \, {}^w p_x^*(b_i, c_j) + \sin c_j \, {}^w p_y^*(b_i, c_j) \end{bmatrix} \tag{6.22}$$

となる.同様に,ヤコビ行列 (6.16) のすべての要素を式で書ける.

例 6.4　主軸頭旋回形 5 軸加工機（C, B 軸）の軸平均線の幾何誤差の同定

例 6.3 に示した主軸頭旋回形 5 軸加工機（C, B 軸）の R-test 測定から軸平均線の幾何誤差を同定する手順も,上記と同様である.表 2.5 の軸平均線の幾何誤差を,式 (6.14) と同様にまとめたベクトルを $\boldsymbol{\omega}_0$ とすると,$\boldsymbol{\omega}_0$ は以下の最適化問題を解くことによって同定できる.

$$\min_{\hat{\boldsymbol{\omega}}_0} \sum_{i,j} \left\|{}^r\bar{\boldsymbol{p}}(c_i, b_j) - \left(\frac{\partial {}^r\boldsymbol{p}(c_i, b_j)}{\partial \boldsymbol{\omega}_0} - \frac{\partial {}^r\boldsymbol{p}(c_1, b_1)}{\partial \boldsymbol{\omega}_0}\right)\hat{\boldsymbol{\omega}}_0\right\|^2 \tag{6.23}$$

ヤコビ行列 $\partial {}^r\boldsymbol{p}(c_i, b_j)/\partial \boldsymbol{\omega}_0$ は,式 (3.53), (3.54) の幾何学モデルから解析的に導出できる.

6.2.5　角度依存幾何誤差の同定

軸平均線の幾何誤差は,回転軸が 1 回転するときの,回転軸の位置・姿勢の平均を表すのに対し,角度依存幾何誤差（誤差運動）は,角度 (b_i, c_j) によって位置・姿勢がどう変動するかを表すことは,2.4 節で述べた.本項では,R-test 測定から角度依存幾何誤差を同定するアルゴリズムを示す.

最初に注意すべきことは,R-test 測定された変位は,初期角度 $b_1 = c_1 = 0°$ を基準とした相対変位であるため（式 (6.17) 参照）,初期角度における位置・姿勢の誤差は,すべての測定に影響することである.簡単な例を示す.図 3.15 のテーブル旋回

形5軸加工機（B, C軸）において，軸平均線の幾何誤差である δz_{BR}^0（B軸平均線の Z位置の誤差）のみが存在するとする．$c_j = 0°$ のまま，B軸を回転したときの球変位は，式 (3.43), (3.44) と式 (6.17) から，次のようになる．

$$
{}^w\bar{\bm{p}}(b_i, 0°) = \begin{bmatrix} -\delta z_{BR}^0 \sin b_i \\ 0 \\ -\delta z_{BR}^0 \cos b_i + \delta z_{BR}^0 \end{bmatrix} \tag{6.24}
$$

一方，B軸が以下のような角度依存幾何誤差（B角度 b_i によって変化する）をもつと仮定する．

$$\delta x_{BY}(b_i) = \delta x_{BR}^0 \cos b_i \tag{6.25a}$$

$$\delta z_{BY}(b_i) = \delta z_{BR}^0 + \delta x_{BR}^0 \sin b_i \tag{6.25b}$$

この場合も，式 (3.48), (3.49) と式 (6.17) を用いれば，球変位 ${}^w\bar{\bm{p}}(b_i, 0°)$ は式 (6.24) と同一となることがわかる．すなわち，初期角度 $b_1 = c_1 = 0°$ での変位がゼロであることが原因で，式 (6.25) の角度依存幾何誤差と，軸平均線の幾何誤差 δz_{BY}^0 が R-test 測定に及ぼす影響は同一となる．

この冗長性の問題を避けるために，式 (6.24) で表される誤差は，軸平均線の幾何誤差 δz_{BR}^0 が原因であると仮定する．測定された球変位から，δz_{BR}^0 の影響を除去し，残った誤差が B軸の角度依存幾何誤差によるものであると考える．

回転2軸の角度依存幾何誤差を同定するアルゴリズムは，以下のとおりである．

(1) **軸平均線の幾何誤差の同定**：6.2.4項のアルゴリズムにより，軸平均線の幾何誤差 (6.14) を同定する．

(2) **B軸の角度依存幾何誤差の同定**：同定された軸平均線の幾何誤差 $\hat{\bm{\omega}}_0$ が角度 (b_i, c_j) における球変位に及ぼす影響 ${}^w\hat{\bm{p}}^0(b_i, c_j)$ を，式 (3.43), (3.44) を用いて計算する．$b_1 = c_1 = 0°$ からの相対変位は，次のようになる．

$$
{}^w\hat{\bar{\bm{p}}}^0(b_i, c_j) = {}^w\hat{\bm{p}}^0(b_i, c_j) - {}^w\hat{\bm{p}}^0(b_1, c_1) \tag{6.26}
$$

記号「^」は，幾何誤差の同定値を使った推定変位であることを表している．B角度 b_i ($i = 1, \cdots, N_b$) における，B軸の角度依存幾何誤差

$$
\bm{\omega}_B(b_i) := \begin{bmatrix} \delta \tilde{x}_{BR}(b_i) & \delta \tilde{y}_{BR}(b_i) & \delta \tilde{z}_{BR}(b_i) & \tilde{\alpha}_{BR}(b_i) & \tilde{\beta}_{BR}(b_i) & \tilde{\gamma}_{BR}(b_i) \end{bmatrix}^T \tag{6.27}
$$

は，以下の最適化問題を最小二乗法を用いて解くことで同定できる．

$$\min_{\hat{\boldsymbol{\omega}}_B(b_i)} \sum_j \left\| \left({}^w\bar{\boldsymbol{p}}(b_i,c_j) - {}^w\hat{\boldsymbol{p}}^0(b_i,c_j)\right) - \left(\frac{\partial {}^w\boldsymbol{p}(b_i,c_j)}{\partial \boldsymbol{\omega}_B(b_i)} - \frac{\partial {}^w\boldsymbol{p}(b_1,c_1)}{\partial \boldsymbol{\omega}_B(b_i)}\right)\hat{\boldsymbol{\omega}}_B(b_i) \right\|^2$$
(6.28)

ここで，ヤコビ行列 $\partial {}^w\boldsymbol{p}(b_i,c_j)/\partial \boldsymbol{\omega}_B(b_i)$ は，角度依存幾何誤差の幾何学モデル (3.48), (3.49) から解析的に導出できる．

(3) **C 軸の角度依存幾何誤差の同定**：B 軸座標系（B 軸と共に回転する座標系，2.3.2 項参照）での球の測定位置は，

$$\begin{bmatrix} {}^b\bar{\boldsymbol{p}}(b_i,c_j) \\ 1 \end{bmatrix} = {}^bT_w^* \begin{bmatrix} {}^w\bar{\boldsymbol{p}}(b_i,c_j) \\ 1 \end{bmatrix}$$
(6.29)

と定義する．左上添え字の「b」は，B 軸座標系上のベクトルであることを示す．ワーク座標系から B 軸座標系へのノミナルな座標変換行列 ${}^bT_w^*$ は，

$${}^bT_w^* := D_c(-c_j)$$
(6.30)

である．(1) および (2) で同定された $\hat{\boldsymbol{\omega}}_0$（式 (6.14)）と $\hat{\boldsymbol{\omega}}_B(b_i)$（式 (6.27)）が，B 座標系における球変位に及ぼす影響 ${}^b\hat{\boldsymbol{p}}(b_i,c_j)$ は，

$$\begin{bmatrix} {}^b\hat{\boldsymbol{p}}(b_i,c_j) \\ 1 \end{bmatrix} = {}^b\hat{T}_w \begin{bmatrix} {}^w\boldsymbol{p}^* \\ 1 \end{bmatrix},$$
$${}^b\hat{\bar{\boldsymbol{p}}}(b_i,c_j) := {}^b\hat{\boldsymbol{p}}(b_i,c_j) - {}^b\hat{\boldsymbol{p}}(b_1,c_1),$$
$${}^b\hat{T}_w := D_a(-\alpha_{CB}^0) D_x(-\delta x_{CB}^0) D_b(b_i) D_c(-\gamma_{BR}(b_i)) \cdots$$
$$\cdot D_x(-\delta x_{BR}(b_i)) D_b(-b_i) D_c(-c_j)$$
(6.31)

で計算できる．ただし，${}^b\hat{T}_w$ は $\hat{\boldsymbol{\omega}}_0$ と $\hat{\boldsymbol{\omega}}_B(b_i)$ をすべて含む，ワーク座標系から B 軸座標系への座標変換行列である．球変位の測定値 ${}^b\bar{\boldsymbol{p}}(b_i,c_j)$ から，${}^b\hat{\bar{\boldsymbol{p}}}(b_i,c_j)$ を除去して残ったものが，C 軸の角度依存幾何誤差の影響と考える．

$$ {}^b\bar{\boldsymbol{p}}_c(b_i,c_j) := {}^b\bar{\boldsymbol{p}}(b_i,c_j) - {}^b\hat{\bar{\boldsymbol{p}}}(b_i,c_j)$$
(6.32)

おのおのの C 角度 c_j における C 軸の傾きは，一つの球の位置だけでは知ることはできないため，図 6.18(c) に示したように測定器の設置位置を 2 通りに変えて，同様の測定を 2 回繰り返す必要がある．設置位置 1 で測定された球変位 (6.32) を ${}^b\bar{\boldsymbol{p}}_{c1}(b_i,c_j)$，位置 2 を ${}^b\bar{\boldsymbol{p}}_{c2}(b_i,c_j)$ とすると，たとえば C 軸の傾斜誤差運動 $\tilde{\alpha}_{CB}(b_i,c_j)$ は，

$$\tilde{\alpha}_{CB}(b_i,c_j) = -\mathrm{angle}_{YZ}\left({}^b\bar{\boldsymbol{p}}_{c2}(b_i,c_j) - {}^b\bar{\boldsymbol{p}}_{c1}(b_i,c_j), {}^b\bar{\boldsymbol{p}}_2^*(c_j) - {}^b\bar{\boldsymbol{p}}_1^*(c_j)\right)$$
(6.33)

となる．ただし，${}^b\bar{p}_n^*(c_j)$ ($n=1,2$) は，設置位置 n に対して，B 軸座標系における球の指令位置を表す．関数 $\mathrm{angle}_{\mathrm{YZ}}(\boldsymbol{a},\boldsymbol{b})$ は，YZ 平面へのベクトル $\boldsymbol{a},\boldsymbol{b}\in\mathbb{R}^3$ の投影の間の角度を表し，次式で定義される．

$$\mathrm{angle}_{\mathrm{YZ}}(\boldsymbol{a},\boldsymbol{b}) := \cos^{-1}\frac{a_y b_y + a_z b_z}{\sqrt{a_y^2+a_z^2}\sqrt{b_y^2+b_z^2}} \tag{6.34}$$

$\tilde{\beta}_{CB}(b_i,c_j), \tilde{\gamma}_{CB}(b_i,c_j)$ も同様に求める．ただし，二つの球位置を結ぶ直線周りの回転は測定できないことには注意する必要がある．たとえば，R-test 測定器のテーブル上面からの距離を変えて 2 回測定を行った場合，C 軸の角度位置決め誤差運動 $\tilde{\gamma}_{CB}(b_i,c_j)$ は同定することができない（並進誤差と区別することができない）．並進誤差 $\delta\tilde{x}_{CB}(b_i,c_j), \delta\tilde{y}_{CB}(b_i,c_j), \delta\tilde{z}_{CB}(b_i,c_j)$ は，球変位から傾斜誤差運動の影響を除去することで得られる．

例 6.5　幾何誤差の同定例

例 6.2 の R-test 測定例から，6.2.4 項のアルゴリズムを用いて，軸平均線の幾何誤差 (6.14) を同定した結果を表 6.1 に示す．たとえば，図 6.21(c) で C 軸と X 軸の直角度誤差が観察できると述べたが，その大きさが β_{BR}^0 である．

表 6.1　図 6.21 の R-test 測定結果から同定した回転軸の軸平均線の幾何誤差

記号	同定値
α_{BR}^0	1.8×10^{-5} rad
β_{BR}^0	4.1×10^{-5} rad
γ_{BR}^0	0.8×10^{-5} rad
α_{CB}^0	1.5×10^{-5} rad
δx_{BR}^0	$-7.8\,\mu\mathrm{m}$
δy_{BR}^0	$12.1\,\mu\mathrm{m}$
δz_{BR}^0	$-38.0\,\mu\mathrm{m}$
δx_{CB}^0	$-2.4\,\mu\mathrm{m}$

図 6.25 は，本項のアルゴリズム (2) を用いて同定された B 軸の角度依存幾何誤差である．たとえば，図 6.21(c) と (d) を比べると，C 軸と Y 軸の直角度誤差が $B=0°$ と $-75°$ で異なっていることがわかると述べたが，実際の傾きは $\alpha_{BR}(b_i)$ の $b_i=0, -75°$ での値が対応する．$\alpha_{BR}(b_j)$ は角度 b_j における B 軸の X 軸周りの傾きを表しているが，すなわち角度 b_j における C 軸の軸平均線の X 軸周りの傾きと等価である．なお，図 6.25 は軸平均線の幾何誤差と角度依存幾何誤差の和（式

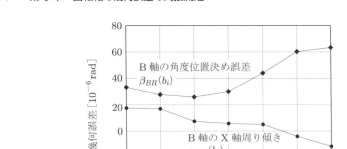

図 6.25 図 6.21 の R-test 測定結果から同定した B 軸の角度依存幾何誤差

(2.1) 参照) をプロットしている.

6.3 タッチプローブを用いた幾何誤差の同定

6.3.1 測定法

タッチプローブ (touch-triggered probe) とは,測定対象物とプローブの接触を検知し,そのときの機械座標を記録する測定システム (**図 6.26**) で,加工物の形状測定や,加工前のワークの位置・姿勢の計測 (ワーク座標系の設定) などの用途に用いられる.最近では,1 方向再現性が 1 μm 以下の高精度タッチプローブも普及してきた.タッチプローブの測定精度の検査法を定めた ISO 規格も最近発行された[A6].

タッチプローブを用いて,軸平均線の幾何誤差を自動的に測定・補正するシステムは,国内外の多くのメーカの工作機械で実用化されている.これは,テーブル上に固定された基準球の面上の点をいくつかプローブ測定し,球中心位置を測定する方法が多い (たとえば文献 [73]).**図 6.27** に模式的に示すように,球の中心の X 位置を

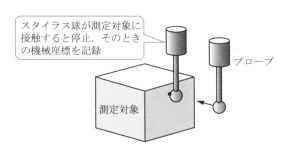

図 6.26 タッチプローブ

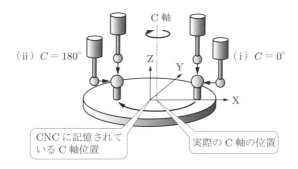

図 6.27 回転テーブルの中心（C 軸）位置を測定するための基準球を用いたプローブ試験の例

$C = 0°, 180°$ で測定すれば，CNC 上に記憶されている C 軸の位置と実際の位置の差，すなわち $\delta x_{CR}^0 \; (= \delta x_{BR}^0 + \delta x_{CB}^0)$ を計算できる．この基本的な考え方を拡張すれば，回転軸の位置だけでなく，軸平均線の幾何誤差すべてを推定できる．

この測定は，前節の R-test 測定と本質的には同じであることはすぐにわかるだろう．工作機械がタッチプローブを装備していれば，余分な測定器を導入する必要がないこと，タッチプローブは CNC との親和性が高く，計測と補正の自動化にも有利であることが長所である．一方，球が静止した状態の測定ができるだけで，連続的な動的測定は不可能であること，測定時間が R-test より長い（球の中心を計算するためには，球面の少なくとも 3 点，通常は 4〜5 点を測定する必要がある）ことが短所である．

R-test 測定器と異なり，タッチプローブの測定対象は球である必要はない．球を使う場合は R-test 測定と同じなので，本節では直方体のワークを対象とする方法を示す．球の場合は，その位置だけが測定可能で，向きは測定できない．一方，球以外の形状であれば，ワークの姿勢も測定することができる．これを利用して，R-test よりも角度依存幾何誤差を直接的に測定することができる[†]．

例として，図 3.15 のテーブル旋回形 5 軸加工機（B，C 軸）を対象とした測定法を**図 6.28** に示す．$B = C = 0°$ において，テーブルに固定された直方体のワークの上の測定点をプローブ測定する（図 (a)）．図中の測定点はあくまで例であり，ワークの位置・姿勢を測定することが目的なので，最少で 6 点でよい．同様の測定を $c_j = 0, 90, 180, 270°$，$b_i = -90, 0, 90°$ のすべての組み合わせで行う（図 (b), (c)）．
$b_1 = c_1 = 0°$ で測定された点を $\bar{\boldsymbol{p}}(1, 1, k) \in \mathbb{R}^3$ とする．ただし，k は測定点の番号（$k = 1, \cdots, N_k$）である．それを基準として，回転軸を (b_i, c_j) に割り出したときの

[†] 本節の内容の詳細は文献 [B38, B39, B40] を参考のこと．

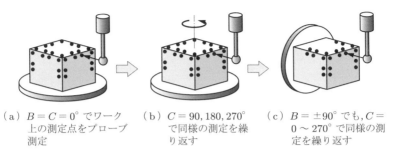

(a) $B = C = 0°$ でワーク上の測定点をプローブ測定
(b) $C = 90, 180, 270°$ で同様の測定を繰り返す
(c) $B = \pm 90°$ でも,$C = 0 \sim 270°$ で同様の測定を繰り返す

図 6.28 タッチプローブと直方体のワークを用いた測定手順

指令点 $\bm{p}^*(i,j,k) \in \mathbb{R}^3$ を以下のとおり定義する.

$$\begin{bmatrix} \bm{p}^*(i,j,k) \\ 1 \end{bmatrix} = D_c(-c_j) D_b(-b_i) \begin{bmatrix} \bar{\bm{p}}(1,1,k) \\ 1 \end{bmatrix} \tag{6.35}$$

各角度 (b_i, c_j) において,指令点 $\bm{p}^*(i,j,k)$ に対して実際の位置 $\bar{\bm{p}}(i,j,k) \in \mathbb{R}^3$ をプローブ測定する.記号「¯」は測定量であることを示す.

例 6.6 タッチプローブと直方体のワークを用いた測定例

図 6.29 に加工前の立方体のワークを対象とした測定の様子を示す.例として,$B = 0°$ で C 軸を $90°$ ごとに割り出したときの,プローブで測定した点の位置を図 6.30 に示す.図の黒丸は指令点 $\bm{p}^*(i,j,k)$,白丸は測定点 $\bar{\bm{p}}(i,j,k)$ を示す.両者の差を 1000 倍に拡大して表示している.灰色に塗った面は,測定点の平均面を示す.

たとえば,図 (a) の $c_j = 180°$ では,ワークが $-X$ および $-Y$ 方向に約 $10\,\mu\text{m}$ シフトしていることがわかる.このおもな原因は,C 軸の位置誤差である.図 (b) に見られるワークの傾きは,C・X 軸または C・Y 軸の直角度誤差が原因である.

図 6.29 タッチプローブによる測定の様子

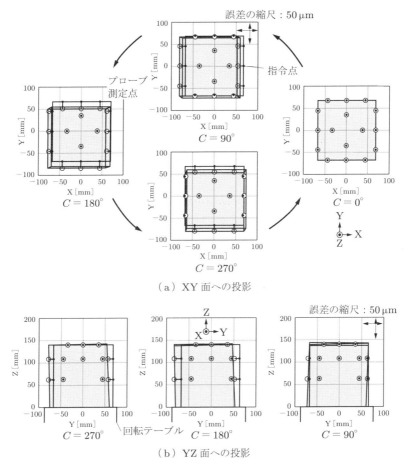

図 6.30 $B = 0°$ で $C = 0, 90, 180, 270°$ に割り出したときの測定点
指令位置（黒丸）に対し，測定位置（白丸）を誤差を拡大して表示．

6.3.2 幾何誤差の同定

タッチプローブによる試験は $b_1 = c_1 = 0°$ でワークを計測し，各角度 (b_i, c_j) でその位置と姿勢がどう変わるかを計測するので，ワークの形状精度は厳密に管理されている必要はない．そのため，たとえば加工前のワークを計測し，加工の直前に回転軸の誤差運動を補正するような使い方も可能である．ただし，測定面の表面粗さは，測定の再現性に悪影響を及ぼさない程度に小さい必要はある．

タッチプローブによる測定点 $\bar{p}(i, j, k)$ から，回転軸の軸平均線の幾何誤差および角度依存幾何誤差を同定する方法を示す．基本的な考え方は R-test 測定の場合と変わらない．ワークの位置（X, Y, Z）だけでなく，姿勢（X, Y, Z 軸周りの姿勢）も測

定できる点が異なる．

(1) ワークの位置・姿勢の計算

機械座標系を角度 (b_i, c_j) だけ回転した理想的なワーク座標系に対する，実際のワーク座標系の位置誤差を $({}^r\Delta x(i,j), {}^r\Delta y(i,j), {}^r\Delta z(i,j))$，X, Y, Z 軸周りの向きの誤差を $({}^r\Delta a(i,j), {}^r\Delta b(i,j), {}^r\Delta c(i,j))$ とする．左上添え字の「r」は機械座標系で定義されていることを表す．これらが存在したとき，ワーク上の指令点 $\boldsymbol{p}^*(i,j,k)$ は次の位置になる．

$$\begin{bmatrix} \hat{\boldsymbol{p}}(i,j,k) \\ 1 \end{bmatrix} = D_x({}^r\Delta x(i,j))D_y({}^r\Delta y(i,j))D_z({}^r\Delta z(i,j))D_a({}^r\Delta a(i,j))$$
$$\cdot D_b({}^r\Delta b(i,j))D_c({}^r\Delta c(i,j)) \begin{bmatrix} \boldsymbol{p}^*(i,j,k) \\ 1 \end{bmatrix} \tag{6.36}$$

図 6.28 のプローブ測定の目的は，角度 (b_i, c_j) でワークの位置・姿勢の誤差，すなわち ${}^r\Delta x(i,j) \sim {}^r\Delta c(i,j)$ を測定することである．ただし，タッチプローブは測定面の法線方向の変位だけを測定できることに注意が必要である．指令点 $\boldsymbol{p}^*(i,j,k)$ における法線ベクトルを $\boldsymbol{n}^*(i,j,k) \in \mathbb{R}^3$ とする（法線ベクトルは正規化する．すなわち $\|\boldsymbol{n}^*(i,j,k)\| = 1$）．プローブで測定された点 $\bar{\boldsymbol{p}}(i,j,k)$ が与えられたとき，${}^r\Delta x(i,j) \sim {}^r\Delta c(i,j)$ は，以下の最適化問題を各 (i,j) で解くことで得られる．

$$\min_{{}^r\Delta x(i,j) \sim {}^r\Delta \gamma(i,j)} \sum_{k=1}^{N_k} \{\Delta \boldsymbol{p}(i,j,k) \cdot \boldsymbol{n}^*(i,j,k)\}^2 \tag{6.37}$$

ただし，

$$\Delta \boldsymbol{p}(i,j,k) = \bar{\boldsymbol{p}}(i,j,k) - \hat{\boldsymbol{p}}(i,j,k) \tag{6.38}$$

である．${}^r\Delta x(i,j) \sim {}^r\Delta c(i,j)$ が小さいとき，式 (3.12) の近似を使って，式 (6.37) は以下のように書き直せる．

$$\min_{{}^r\Delta x(i,j) \sim {}^r\Delta \gamma(i,j)} \sum_{k=1}^{N_k} \Bigg[\Big\{ \bar{\boldsymbol{p}}(i,j,k) - \boldsymbol{p}^*(i,j,k)$$

$$
\left.-\begin{bmatrix} 1 & 0 & 0 & 0 & p_z^*(i,j,k) & -p_y^*(i,j,k) \\ 0 & 1 & 0 & -p_z^*(i,j,k) & 0 & p_x^*(i,j,k) \\ 0 & 0 & 1 & p_y^*(i,j,k) & -p_x^*(i,j,k) & 0 \end{bmatrix} \begin{bmatrix} {}^r\Delta x(i,j) \\ {}^r\Delta y(i,j) \\ {}^r\Delta z(i,j) \\ {}^r\Delta a(i,j) \\ {}^r\Delta b(i,j) \\ {}^r\Delta c(i,j) \end{bmatrix} \right\} \cdot \boldsymbol{n}^*(i,j,k) \Bigg]^2
$$
(6.39)

ただし，$p_x^*(i,j,k), p_y^*(i,j,k), p_z^*(i,j,k)$ は式 (6.35) の $\boldsymbol{p}^*(i,j,k)$ の X, Y, Z 成分である．この問題は最小二乗法で解くことができる．

(2) 軸平均線の幾何誤差および角度依存幾何誤差の同定

6.2.4 項の R-test 測定の場合は，ワーク座標系での球変位を測定するのに対し，図 6.28 のタッチプローブ測定は機械座標系でのワークの位置・姿勢を測定する．それに対応した幾何学モデルの式を使用する必要がある．

テーブル旋回形 5 軸加工機（B, C 軸）に対して，回転 2 軸の軸平均線の幾何誤差が，機械座標系での指令位置と実際の位置の関係を表す幾何学モデルは，式 (4.5)，(4.6) に示した．(1) で求めたワークの位置・姿勢 ${}^r\Delta x(i,j) \sim {}^r\Delta c(i,j)$ と，軸平均線の幾何誤差との関係は，この式そのものである．ただし，式 (6.38) に示したとおり，${}^r\Delta x(i,j) \sim {}^r\Delta c(i,j)$ は $b_1 = c_1 = 0°$ ($i = j = 1$) を基準に定義されるから，${}^r\Delta x(1,1) = \cdots = {}^r\Delta c(1,1) = 0$ であることに注意が必要である．これを考慮して，たとえば式 (4.6a) は，

$$
{}^r\Delta x = \delta x_{BR}^0 + \delta x_{CB}^0 \cos b_i - \Delta x_0(i,j) \tag{6.40}
$$

と書き直す．ここで，$\Delta x_0(i,j)$ は軸平均線の幾何誤差が $b_1 = c_1 = 0°$ で切削される段に及ぼす影響を表す項で，以下のように定義される．

$$
\begin{bmatrix} \Delta x_0(i,j) \\ \Delta y_0(i,j) \\ \Delta z_0(i,j) \\ 1 \end{bmatrix} = D_b(-b_i) D_c(-c_j) \begin{bmatrix} \delta x_{BR}^0 + \delta x_{CB}^0 \\ \delta y_{BR}^0 \\ \delta z_{BR}^0 \\ 1 \end{bmatrix} \tag{6.41a}
$$

$$
\begin{bmatrix} \Delta a_0(i,j) \\ \Delta b_0(i,j) \\ \Delta c_0(i,j) \\ 1 \end{bmatrix} = D_b(-b_i) D_c(-c_j) \begin{bmatrix} \alpha_{BR}^0 + \alpha_{CB}^0 \\ \beta_{BR}^0 \\ \gamma_{BR}^0 \\ 1 \end{bmatrix} \tag{6.41b}
$$

軸平均線の幾何誤差 $\boldsymbol{\omega}_0$（式 (6.14)）は，以下の最小化問題を解くことによって得られる．

$$\min_{\boldsymbol{\omega}_0} \sum_{i,j} \left\| \begin{bmatrix} {}^r\Delta x(i,j) \\ \vdots \\ {}^r\Delta c(i,j) \end{bmatrix} - A_i \boldsymbol{\omega}_0 \right\|^2 \tag{6.42}$$

ただし，$A_i \in \mathbb{R}^{6\times 8}$ は式 (4.6)（六つの式はすべて式 (6.40) と同様に，式 (6.41) の影響を加える）から得られる，$\boldsymbol{\omega}_0$ と $[\,{}^r\Delta x(i,j) \; \cdots \; {}^r\Delta c(i,j)\,]^T$ の線形関係を表す行列である．

角度依存幾何誤差の計算も同様である．$[\,{}^r\Delta x(i,j) \; \cdots \; {}^r\Delta c(i,j)\,]^T$ は角度 (b_i, c_j) におけるワーク座標系の位置・姿勢を表しているから，B, C 軸の角度依存幾何誤差と直結する[†]．

6.4 　工作試験：円錐盤の工作試験

工作機械の受渡検査の最終段階で，実際に加工を行い，その加工精度を評価する工作試験が行われることは多い．2014 年に改定された ISO 10791-7 規格[A11]（JIS B 6336-7[A24]）では，新しく 5 軸工作試験法が追加された．その一つが**円錐盤** (cone frustum) の工作試験法である．この試験法自体は，1969 年に発行された米国の航空宇宙規格（NAS979[A15]）に規定され，工作機械メーカで広く行われてきた．この規格は，航空機部品の加工に用いられるような大型の主軸頭旋回形 5 軸加工機をおもに想定しており，工具や加工条件はそのような機械に合わせて規定されている．また，主軸頭旋回形ではテーブル上のワークの設置位置は加工精度に大きく影響しないため，設置位置は規定されていない．しかし，ワーク側に回転軸をもつ 5 軸加工機では，回転中心からの距離によって加工精度が異なるのが一般的である．新しい ISO 10791-7 規格[A11]（JIS B 6336-7[A24]）では，主軸頭旋回形，テーブル旋回形，テーブル・主軸頭旋回形のすべてに対応して，試験条件のあいまいさをなくし，公平な評価が行えるようにしたうえで，この工作試験法が採用された．

6.4.1 　試験法

図 6.31 に工作物の形状を示す．ISO 10791-7 規格[A11]（JIS B 6336-7[A24]）では，図中の寸法は**表 6.2** に示す 2 通りのいずれかを選択するように規定している．傾き角

[†] 計算方法の詳細は文献 [B38] を参照のこと．

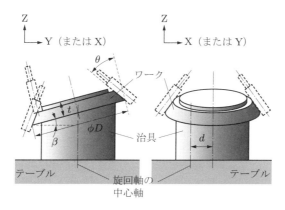

図 6.31　円錐盤の形状（ワーク座標系から見た工具の動き）

表 6.2　ISO 10791-7 規格[A11] が規定している円錐盤（図 6.31）の諸元

条件	直径 D	厚さ t	設置角 β	半頂角 θ	回転軸からのオフセット d
1	80 mm	20 mm	10°	15°	回転テーブル径の 25%
2	80 mm	15 mm	30°	45°	回転テーブル径の 25%

β をとらなければならないのは，必ず同時 5 軸運動になるようにするためである．ストレートエンドミルを用いて円錐盤の側面を仕上げ加工し，上面から 2 mm，および底面から 2 mm の高さで，円錐盤の側面の真円度を測定する．

図 6.31 はワーク座標系から見た工具の動きを示している．テーブル旋回形 5 軸加工機でのセットアップは図 6.32 のようになる．テーブル側に回転軸をもつ軸構成の場合，回転軸とワークとの距離（オフセット p, d）によって加工物の形状精度は変わる．回転テーブルの回転中心（C 軸）からのオフセット d は表 6.2 のように規定されているが，傾斜軸（A 軸）からのオフセット p は規定されていない．これは，機械の

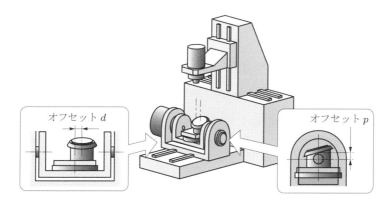

図 6.32　テーブル旋回形 5 軸加工機での加工のセットアップ

デザインによって，p が小さい位置で加工できる機械と，そうでない機械があることに配慮している．しかし，d, p をいくらにしたかは，試験報告書に記述しなければならない．図 6.31 の円錐盤ワークの上面にある薄い円盤は，真円度測定の際の基準であり，ワーク上面が XY 平面に平行とした状態で，X・Y 軸の円弧補間運動で加工する（あるいは，あらかじめ別の機械でこの円盤を前加工しておき，加工機ではこれを基にしてワーク座標系を設定してもよい）．

なお，円錐盤の工作試験の運動はボールバー（5.1 節参照）を用いて測定することも可能である．すなわち，円錐盤の中心に相当する位置にボールバーのテーブル側球を固定し，主軸にもう一つの球を取り付け，円錐盤工作試験と同じ運動をさせればよい（ただし，ボールバーが主軸とつねに垂直になるように，主軸側球の中心位置の軌跡を決める）．この試験法は ISO 10791-6 規格[A10]（JIS B 6336-6[A23]）に規定されている．

6.4.2　軸平均線の幾何誤差が円錐盤の真円度曲線に及ぼす影響

円錐盤の工作試験は，5 軸加工の誤差が許容値よりも大きい・小さいを判定する受入検査の目的には適しているが，誤差が許容値よりも大きかったとき，その原因がどこにあるのかを診断することは難しい．言い換えれば，回転軸の幾何誤差の間接測定を行うには適していない．本項はこのことをシミュレーションで示す†．

第 4 章の幾何学モデルを用いると，工具先端点の指令軌跡と，回転軸の幾何誤差が与えられたとき，テーブルから見た工具先端点の実際の軌跡を計算することができる．つまり，機械に幾何誤差があるときの，加工誤差をシミュレーションするのがもっとも直接的な応用である．この例ではそれを示そう．

例 6.7　回転軸の軸平均線の幾何誤差が円錐盤加工試験の真円度に及ぼす影響

図 3.15 のテーブル旋回形 5 軸加工機（B, C 軸）を対象とする．円錐盤の諸元は表 6.2 の条件 1 のとおりとした（底面の中心位置はワーク座標系（B・C 軸の交点が原点）で $(C_X, C_Y, C_Z) = (0, -100, 100)$ mm とした．すなわち $d = 100$ mm, $p = 100$ mm）．

図 6.33 は，直進 3 軸・回転 2 軸の指令軌跡を機械座標系で示したものである．この条件では，C 軸は 360° 回転するのに対し，B 軸は $(-\theta + \beta) \sim (-\theta - \beta)$ までしか回転しない（θ：半頂角，β：設置角）．このように，C 軸が 360° 回転するのは，設置角 β が半頂角 θ よりも小さいときである．もし，設置角 β が半頂角 θ よりも大きければ，C 軸は 360° 回転せず，B 軸の回転範囲は 2θ となる．

---

† 本項の内容の詳細は，文献 [B32, B41] を参照のこと．

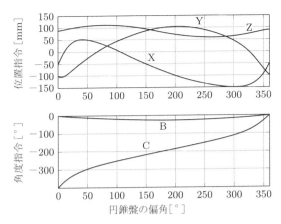

図 6.33 円錐盤加工時の直進 3 軸・回転 2 軸の指令軌跡

軸平均線の幾何誤差（表 2.3，ただし B，C 軸）が存在するとき，加工物の真円度曲線を予想するために，第 4 章の幾何学モデルを用いる．すなわち，式 (3.43)，(3.44) の幾何学モデルを用いて，ワーク座標系における工具先端点の指令軌跡 ${}^w\boldsymbol{p}^*$ に対する，実際の軌跡 ${}^w\boldsymbol{p}$ を計算すればよい．

図 6.34 は，回転軸の軸平均線の幾何誤差のおのおのを 0.01 mm（位置誤差の場合）あるいは 0.1 mrad（姿勢誤差の場合）とし，その他の誤差をすべてゼロとした場合の，円錐盤の底面における真円度曲線を示したものである．このシミュレーション結果から，誤差軌跡は次の三つに大別できることがわかる．

(1) X 軸方向に変形する（$\delta x^0_{BR}, \delta x^0_{CB}$）．
(2) X 軸から 45° 方向に変形する（$\delta y^0_{BR}, \alpha^0_{BR}, \beta^0_{BR}, \alpha^0_{CB}$）．
(3) まったく影響を受けない（$\delta z^0_{BR}, \gamma^0_{BR}$）．

異なる誤差原因が，同じような誤差軌跡となることから，加工物から軸平均線の幾何誤差をすべて分離できないことは直感的にわかる．

文献 [B41] では，回転軸の角度依存幾何誤差が円錐盤の真円度に及ぼす影響も議論している．たとえば，C 軸の角度位置決め誤差運動 $\gamma_{CB}(b,c)$ は真円度にほとんど影響しない．円錐盤の真円度に大きな影響を与えない角度依存幾何誤差が多いことも，この試験の問題点の一つである．

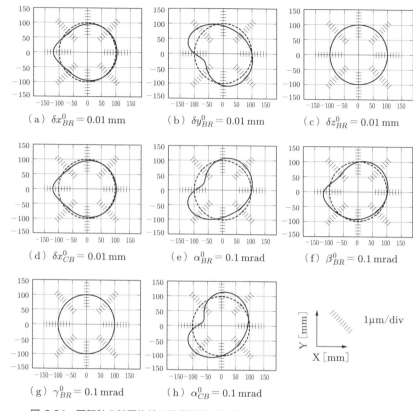

図 6.34 回転軸の軸平均線の幾何誤差が円錐盤の真円度曲線に及ぼす影響のシミュレーション

6.5 工作試験：5軸加工機の幾何誤差を評価する工作試験法

6.5.1 工作試験法および形状測定

円錐盤の工作試験と異なり，誤差原因を定量的に診断することを目的とした工作試験法を示す[†]．

工作物の形状を図 6.35 に示す（ただし，寸法は例であり，このとおりである必要はない）．加工手順を図 6.36 に示す．ここでは図 3.15 のテーブル旋回形 5 軸加工機（B, C 軸）の場合を示した．$B = 0°$（テーブル水平）で C 軸を 90° ごとに割り出し，ストレート（ラジアス）エンドミルで直進 2 軸のみを用いて正方形の段を加工する．同様の加工を $B = 0, -90, 90°$ で繰り返す．傾斜軸（B 軸）が $-90, 0, 90°$ に割り出

[†] 本項の内容の詳細は，文献 [B42, B43] を参照のこと．

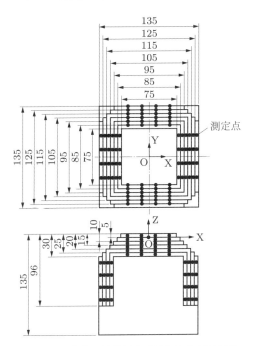

図 6.35 工作物の形状および測定点（寸法は例）

せない機械では，可能な角度でのみ加工を行う．図 2.12 の主軸頭旋回形 5 軸加工機の場合には，加工手順は図 6.37 のようになる．

加工後に，工作物の形状を 3 次元測定器などを用いて測定する．図 6.35 には，測定点の例も示した．3 次元測定器の座標系（**測定座標系**とよぶ）は，以下のように設定する．

- 1 段目，−Y 側の段の，底面・側面の 8 点を測定し，X 軸の向きを設定する（Y 軸周り，Z 軸周りとも）．
- 1 段目，−X 側の段の，底面 4 点を測定し，Y 軸の向きを設定する（X 軸周り）．Z 軸は X, Y 軸に垂直に定義される．
- 原点位置の設定は任意（解析結果に影響を及ぼさない）．たとえば，X, Y 原点はワークの中央，Z 原点は 1 段目の底面の Z 位置に設定する．

6.5.2 幾何誤差の同定

筆者らは，前項で述べた工作試験の実施，形状誤差の 3 次元表示，幾何誤差の同定を行うソフトウェアを開発した[†]．以下では，幾何誤差を同定するアルゴリズムを説

[†] このソフトウェア「FKD 加工解析システム」は福田交易(株)から販売されている．

146　第 6 章　回転軸の幾何誤差の間接測定

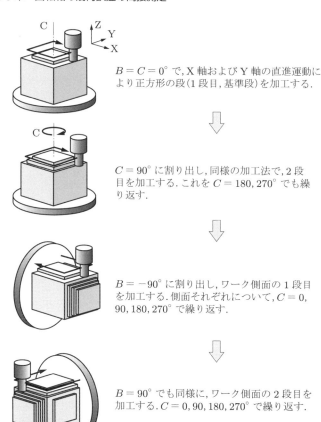

図 6.36　テーブル旋回形 5 軸加工機（B, C 軸）での加工手順

明する．

　工作物の形状誤差から回転軸の軸平均線の幾何誤差および角度依存幾何誤差を同定するアルゴリズムは，6.3.2 項に示した直方体ワークのタッチプローブ測定と本質的には同じである．違いは，タッチプローブ測定ではワークの位置・姿勢を機械座標系で測定するのに対し，本節の工作物の各段の位置・姿勢はワーク座標系での工具軌跡を表す点である．

　図 3.15 のテーブル旋回形 5 軸加工機（B, C 軸）を対象とする．B, C 軸の角度が b_i, c_j のときに加工された段の上の，k 番目の測定点を $\boldsymbol{p}(i,j,k) \in \mathbb{R}^3$ ($k = 1, \cdots, N(i,j)$) とする．アルゴリズムの目的は，測定点 $\boldsymbol{p}(i,j,k)$ ($i = 1, \cdots, N_b, j = 1, \cdots, N_c, k = 1, \cdots, N(i,j)$) から，軸平均線の幾何誤差（表 2.3，ただし B, C 軸），および B, C 軸の角度依存幾何誤差（表 2.8 と同様，ただし B, C 軸）を同定することである．

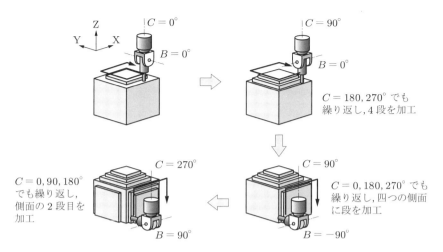

図 6.37 主軸頭旋回形 5 軸加工機（C, B 軸）での加工手順

最初に，(i,j) 番目の段の，測定座標系での X, Y, Z 方向の位置誤差 $(\Delta x(i,j), \Delta y(i,j), \Delta z(i,j))$，X, Y, Z 軸周りの姿勢誤差 $(\Delta a(i,j), \Delta b(i,j), \Delta c(i,j))$ を，測定点 $\boldsymbol{p}(i,j,k)$ から計算する．この計算は，6.3.2 項 (1) とまったく同じである．すなわち，

$$\min_{\Delta x(i,j) \sim \Delta c(i,j)} \sum_k \{\Delta \boldsymbol{p}(i,j,k) \cdot \boldsymbol{n}^*(i,j,k)\}^2 \tag{6.43}$$

を最小二乗法を用いて解く．ただし，$\Delta \boldsymbol{p}(i,j,k)$ は式 (6.36), (6.38) と同じである．式 (6.36) の $\boldsymbol{p}^*(i,j,k) \in \mathbb{R}^3$ は加工物上の測定点のノミナル位置を表す．$\boldsymbol{n}^*(i,j,k) \in \mathbb{R}^3$ は点 $\boldsymbol{p}^*(i,j,k)$ における，ワークの面の法線方向を表す単位ベクトルである．

$\Delta x(i,j) \sim \Delta c(i,j)$ は，B, C 軸の角度が (b_i, c_j) のときの，ワーク座標系から見た工具先端点の軌跡（正方形）の位置・姿勢誤差を示す．すなわち，式 (3.43), (3.44) の幾何学モデルが示す，ワーク座標系での指令点 $^w\boldsymbol{p}^* \in \mathbb{R}^3$ に対する位置誤差 $\Delta x, \Delta y, \Delta z$，姿勢誤差 $\Delta a, \Delta b, \Delta c$ と等しくなるはずである．

ただし，測定座標系は $b_1 = c_1 = 0°$ で加工された 1 段目の段の位置・姿勢を基準として定義される．すべての測定点 $\boldsymbol{p}(i,j,k)$ は，この座標系で定義されることに注意が必要である．言い換えれば，$\Delta x(i,j) \sim \Delta c(i,j)$ は $i = j = 1$ でゼロとなる．この制約を加えると，たとえば式 (3.44a) は，以下のように書き換えられる．

$$\begin{aligned}\Delta x(i,j) = &-(\delta x^0_{BR}\cos b_i + \delta z^0_{BR}\sin b_i + \delta x^0_{CB})\cos c_j + \delta y^0_{BR}\sin c_j \\ &+ (\delta x^0_{BR} + \delta x^0_{CB})\end{aligned} \tag{6.44}$$

$\Delta y \sim \Delta c$ も同様である．6.3.2 項 (2) と同様に，すべての (i,j) について，$\Delta x(i,j) \sim$

$\Delta c(i,j)$ の式を連立し，最小二乗法によって軸平均線の幾何誤差を同定する．B, C 軸の角度依存幾何誤差も，式 (3.48), (3.49) のモデルを用いて，同様の考え方で同定できる．

例 6.8　工作試験の結果の例——熱変形が幾何誤差に及ぼす影響の観察

図 3.15 のテーブル旋回形 5 軸加工機（B, C 軸）を対象として，6.5.1 項の工作試験を行った．図 6.38 に加工の様子を示す．ワーク材質はアルミ合金（A5052），工具は直径 8 mm の超硬ラジアスエンドミルを用いた．図 6.39 は，3 次元測定器で測定し

図 6.38　工作試験の様子

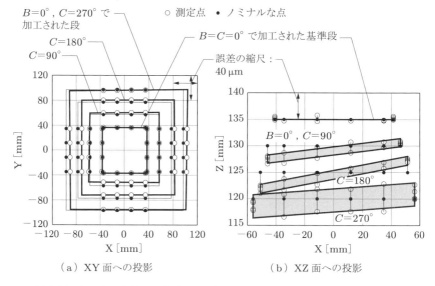

図 6.39　加工物の上部の 4 段（$B=0°$, $C=0,\cdots,270°$ で加工）の形状の計測結果

た測定点を示す（例として，加工物の上部の4段，すなわち $B=0°, C=0, \cdots, 270°$ で加工した段のみ示している）．測定点のノミナルな位置 $\boldsymbol{p}^*(i,j,k)$ と実際に測定された位置 $\boldsymbol{p}(i,j,k)$ の差を1000倍に拡大して表示している．太い実線は，最小二乗法で求めた測定点の平均面を表している．

まず，R-test などほかの測定と同様に，このように加工物の形状誤差を図示することで，支配的な誤差要因を直感的に観察できる．

- 図 6.39(a) で，たとえば3段目（$C=180°$ で加工）は，基準段（$C=0°$ で加工）に対し，X方向に約 $+8\,\mu\mathrm{m}$，Y方向に約 $+3\,\mu\mathrm{m}$ 平行移動している．このおもな原因は，C軸平均線の位置誤差 $(\delta x_{BR}^0 + \delta x_{CB}^0, \delta y_{BR}^0)$ である．
- 図 6.39(b) で，2〜4段目とも，X, Y軸周りに傾斜している．これは，$B=0$ における，C・X軸および C・Y軸の直角度誤差 $(\alpha_{BR}^0 + \alpha_{CB}^0, \beta_{BR}^0)$ が主原因である．

次に，本項の方法を用いて，加工物の形状誤差から回転軸の軸平均線の幾何誤差を同定した．ここでは，工作試験法を用いて，工作機械の熱変形が幾何誤差に及ぼす影響を評価した例を示そう．工作試験の直前に，加工前のワークを測定対象として，6.3節に示したタッチプローブを使う方法で軸平均線の幾何誤差を同定した．タッチプローブによる方法と，工作物の形状誤差から同定した軸平均線の幾何誤差の比較を，図 6.40 に示す．同じ工作機械であるが，前者は主軸を回さず，機械のウォームアップも十分ではない状態で測定したのに対し，後者は主軸の回転に伴う熱変形の影響を受ける．図 (a) から，C軸平均線のX, Y位置 $(\delta x_{BR}^0, \delta y_{BR}^0)$

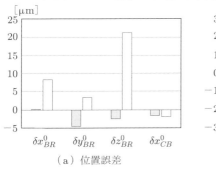
(a) 位置誤差

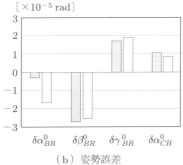
(b) 姿勢誤差

図 6.40 タッチプローブによる方法（6.3節）と工作物の形状誤差から同定した軸平均線の幾何誤差の比較

前者は主軸を回さず，機械が冷えた状態で測定したのに対し，後者は主軸の回転に伴う熱変形の影響を受けている．

は 5〜10 μm 程度，B 軸平均線の Z 位置 δz^0_{BR} は約 25 μm 変化しており，これは主軸の回転に伴う熱変形が原因と推測できる．

この試験では，おもな熱源は主軸モータで，回転軸自体の熱変形は小さいと予想される．B 軸平均線の Z 位置 δz^0_{BR} が変化したのは，主軸が Z 方向に熱変位し，工具から見た B 軸位置が相対的に変化したことを意味している．このように，5 軸加工機では，主軸がある方向に平行移動するような比較的単純な熱変形であっても，工具から見た回転軸の位置が変位するのと等価となるため，より複雑な形状誤差の原因となる場合がある．熱変形はどのような工作機械でも重要な誤差要因の一つであるが，5 軸加工機ではより注意が必要といえる．

主軸の発熱による影響をさらに観察するため，同じ工作試験を 3 回繰り返した．1 回の加工は約 25 分かかり，終了後主軸を回転したまま 30 分放置し，次の加工を行った．図 6.41 は，三つの加工物からそれぞれ同定された，軸平均線の幾何誤差の比較を示す．機械の熱変形によって，C, B 軸平均線の中心位置 $(\delta x^0_{BR}, \delta y^0_{BR}, \delta z^0_{BR})$ が変化していくのがわかる．

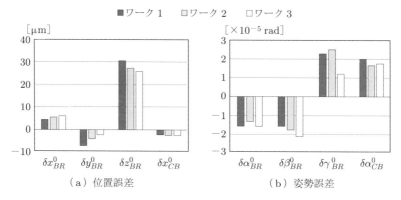

図 6.41　3 回連続で加工した加工物の形状誤差から同定した軸平均線の幾何誤差
主軸の回転に伴う熱変形が軸平均線の幾何誤差に及ぼす影響が観察できる．

付　録　最小二乗法とその応用

A.1　最小二乗法

　本書では，幾何学モデルで予測される出力と，実際の信号との差が最小化されるようにモデル内のパラメータを同定する目的で，**最小二乗法**（least square method）が使われることが多い．本節では，最小二乗法の基本を説明し，便利な「ツール」として様々な工学問題で使えること，また，実用上で注意すべきことを述べる．

　次のような連立方程式を考える．

$$
\left.
\begin{array}{l}
a_{11}\theta(1) + a_{12}\theta(2) + \cdots + a_{1M}\theta(M) = \phi(1) \\
a_{21}\theta(1) + a_{22}\theta(2) + \cdots + a_{2M}\theta(M) = \phi(2) \\
\cdots \\
a_{N1}\theta(1) + a_{N2}\theta(2) + \cdots + a_{NM}\theta(M) = \phi(N)
\end{array}
\right\}
\tag{A.1}
$$

上式は次のように行列を用いて表すこともできる．

$$
A\boldsymbol{\theta} = \boldsymbol{\phi} \tag{A.2}
$$

ただし，$\boldsymbol{\theta} \in \mathbb{R}^{M\times 1}$ は M 個の未知変数を表すベクトル，$\boldsymbol{\phi} \in \mathbb{R}^{N\times 1}$ は N 個の既知のベクトル，$A \in \mathbb{R}^{N\times M}$ も既知の行列である．式の数 N が変数の数 M よりも少ないとき，一般に解 $\boldsymbol{\theta}$ は無限に存在する．式の数 N が変数の数 M より多いとき，すべてを同時に満たす解は一般に存在しない．しかし，厳密にすべてを満たす解は存在しなくても，$A\boldsymbol{\theta}$ と $\boldsymbol{\phi}$ の差が「できるだけ小さくなるような」解，言い換えれば，$A\boldsymbol{\theta} - \boldsymbol{\phi}$ ができるだけ小さくなるような解 $\boldsymbol{\theta}$ が欲しい場合はしばしばある．

　ベクトル $\boldsymbol{v} = [\, v_1\, \cdots\, v_N\,] \in \mathbb{R}^N$ の「大きさ」の指標として，以下で定義される **2-ノルム**（2-norm）がしばしば用いられる．

$$
\|\boldsymbol{v}\|_2 \equiv \sqrt{\sum_{i=1}^{N} v_i^2} \tag{A.3}
$$

これを用いれば，ベクトル（$\mathbb{R}^{N\times 1}$）である $A\boldsymbol{\theta}$ と $\boldsymbol{\phi}$ の差の大きさは，$\|A\boldsymbol{\theta} - \boldsymbol{\phi}\|_2$ と表

すことができる．なお本書では，とくに断りのない限り，記号 $\|\bullet\|$ は 2-ノルム $\|\bullet\|_2$ を意味する．

▶ 最小二乗法

行列 $A \in \mathbb{R}^{N \times M}$，ベクトル $\boldsymbol{\phi} \in \mathbb{R}^{N \times 1}$ が与えられたとき，

$$\min_{\boldsymbol{\theta}} \|A\boldsymbol{\theta} - \boldsymbol{\phi}\|^2 \tag{A.4}$$

の解 $\boldsymbol{\theta}^* \in \mathbb{R}^{M \times 1}$ は，次式で求められる．

$$\boldsymbol{\theta}^* = (A^T A)^{-1} A^T \boldsymbol{\phi} \tag{A.5}$$

ただし，A^T は行列 A の転置行列を表す．

最小二乗法では，ベクトル $A\boldsymbol{\theta}$ と $\boldsymbol{\phi}$ の差の大きさを 2-ノルムを使って定義する．ベクトルの大きさの指標として，ほかにも 1-ノルム（$\|\bullet\|_1$）や ∞-ノルム（$\|\bullet\|_\infty$）がしばしば用いられる．工学の問題で 2-ノルムが使われることが多いのは，最適解を式 (A.5) のように解析的に書けるのは 2-ノルムのときだけであるからに過ぎない．ただし，1-ノルムや ∞-ノルムも凸関数であるので，数値的に最適解を求めることは決して難しくなく，必要であれば，1-ノルムや ∞-ノルムを使ってもかまわない．

以下，最小二乗法の応用例を二つ示す．

例 A.1 真直度測定の基準直線

X 軸の真直度誤差運動の測定例を図 A.1(a) に示す．主軸をテーブルに対して一定送り速度で +X 方向に移動したとき，Y 方向の位置偏差を測定した．ここでは交差格子スケール（5.4 節参照）を用いた．測定軌跡は X 軸に平行ではなく，直線

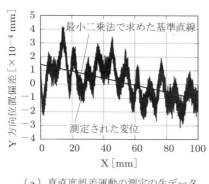
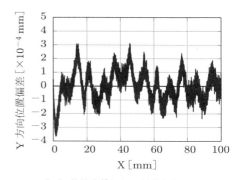

（a）真直度誤差運動の測定の生データ　　　（b）基準直線からの偏差を表示

図 A.1　真直度誤差運動の測定軌跡と基準直線

的に傾いている．これは，交差格子スケール自体の傾きで，機械の誤差ではないため，除去する必要がある．

測定軌跡の基準直線（軸平均線）を $\hat{y}(k) = \theta_1 x(k) + \theta_2$ として，この係数 θ_1, $\theta_2 \in \mathbb{R}$ を最小二乗法で求める．基準直線が測定軌跡に「できるだけ近く」なるように θ_1, θ_2 を決めるのが目的だから，目的関数は，

$$\min_{\theta_1, \theta_2} \sum_{k=1}^{N} (\hat{y}(k) - y(k))^2 \tag{A.6}$$

となる．ただし，X 位置 $x(k)$ に対して測定された，送りと垂直方向の変位が $y(k)$ ($k = 1, \cdots, N$) である．

$$\hat{y}(k) = \begin{bmatrix} x(k) & 1 \end{bmatrix} \begin{bmatrix} \theta_1 \\ \theta_2 \end{bmatrix} \tag{A.7}$$

であるから，以下のように定義すれば，式 (A.6) は式 (A.4) の形に書ける．

$$A := \begin{bmatrix} x(1) & 1 \\ \vdots & \vdots \\ x(N) & 1 \end{bmatrix}, \quad \boldsymbol{\theta} := \begin{bmatrix} \theta_1 \\ \theta_2 \end{bmatrix}, \quad \boldsymbol{\phi} := \begin{bmatrix} y(1) \\ \vdots \\ y(N) \end{bmatrix} \tag{A.8}$$

式 (A.5) で求めた θ_1, θ_2 を使った基準直線を図 A.1(a) に，基準直線からの偏差を計算し直して得られた真直度偏差を図 A.1(b) に示す．

例 A.2 円運動誤差軌跡の中心・半径補正

5.1 節に示した，ボールバー装置を用いた円運動精度試験の誤差軌跡の例を図 A.2(a) に示す．ボールバーの基準長さは 150 mm で，この基準長さに対する伸縮量を 1000 倍に拡大し極座標表示している（図中の 1 目盛りが 10 μm に相当する）．図 (a) の誤差軌跡は，中心が原点からずれているが，これはテーブル側球の設置位置が，円弧軌跡の中心からずれているためであり，機械の誤差ではない．また，誤差軌跡の半径も指令値（150 mm）より大きいことがわかる．機械の直進位置決め誤差が原因の可能性もあるが，ボールバーの基準長さの較正誤差が原因の場合もあるため，ここでは中心位置の誤差，平均半径の誤差の影響を除去することを考える．これらの補正を，それぞれ**円運動誤差軌跡の中心補正**，**半径補正**とよぶ．

この問題は以下のように定式化できる．図 (a) の誤差軌跡と，以下の円ができるだけ近くなるように，中心位置 $(c_x, c_y) \in \mathbb{R}^2$，半径 $r \in \mathbb{R}$ を決定する．

$$(x - c_x)^2 + (y - c_y)^2 - r^2 = 0 \tag{A.9}$$

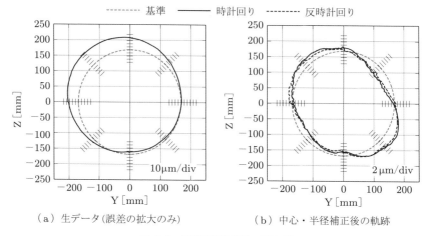

(a) 生データ(誤差の拡大のみ)　　(b) 中心・半径補正後の軌跡

図 A.2　円運動誤差軌跡の測定例

すなわち，以下の最適化問題を解くことで求められる．

$$\min_{c_x, c_y, r} \sum_{k=1}^{N} \left\{ \sqrt{(x(k) - c_x)^2 + (y(k) - c_y)^2} - r \right\}^2 \tag{A.10}$$

ここで，$(x(k), y(k))$ $(k = 1, \cdots, N)$ は測定された誤差軌跡である．すなわち，角度 $\theta \in \mathbb{R}$ のときのボールバーの伸縮量を $d(\theta) \in \mathbb{R}$ とすると，

$$x(k) = (r^* + d(\theta)) \cos \theta, \quad y(k) = (r^* + d(\theta)) \sin \theta \tag{A.11}$$

となる．ただし，$r^* \in \mathbb{R}$ はボールバーの基準長さである．式 (A.10) の目的関数は変数 c_x, c_y, r に関する非線形関数となり，最小二乗法では解くことができない．そこで，以下の問題に近似する．

$$\min_{c_x, c_y, r} \sum_{k=1}^{N} \left\{ (x(k) - c_x)^2 + (y(k) - c_y)^2 - r^2 \right\}^2 \tag{A.12}$$

一見，まだ最小二乗法で解くことができないように見える（{ } 内に変数 c_x, c_y, r の 2 乗の項が含まれ，線形関数でない）．しかし，以下の変数変換

$$c_0 := c_x^2 + c_y^2 - r^2 \tag{A.13}$$

を用いると，問題 (A.12) は，以下のように等価変換できる．

$$\min_{c_x, c_y, c_0} \sum_{i=1}^{N} \left\{ \begin{bmatrix} -2x(k) & -2y(k) & 1 \end{bmatrix} \begin{bmatrix} c_x \\ c_y \\ c_0 \end{bmatrix} + (x^2(k) + y^2(k)) \right\}^2 \tag{A.14}$$

上式は式 (A.4) の形に書ける．式 (A.5) を使って c_x, c_y, c_0 を得ると，式 (A.13) で r に変換できる．中心補正および半径補正により得られた誤差軌跡を図 A.2(b) に示す（図 (a) では基準長さに対する半径方向誤差を 1000 倍に，図 (b) では 5000 倍に拡大している）．図 (a) では観察が難しいが，図 (b) では X 軸から $-45°$ 方向に長軸をもつ楕円になっていることがよくわかる．原因は直進 2 軸間の直角度誤差である（5.1 節参照）．

なお，問題 (A.10) と問題 (A.12) は等価ではなく，解は同一とは限らない．しかし実用上は問題ない場合が多い．一方，問題 (A.12) と問題 (A.14) は等価であり，解も同一である．このように，等価変換や近似を用いて最小二乗法で解ける問題に変換できることは少なくない．このような変換も使いこなせば，最小二乗法の応用範囲はさらに広がる．

A.2　ニュートン法を用いた非線形最小二乗法

目的関数が非線形関数の場合は，目的関数の局所線形化を用いて反復法で局所解を求めるのが一般的である．ただし，目的関数が凸関数でない場合，局所解が大域的な最適解と一致するとは限らない．

▶ ニュートン法を用いた非線形最小二乗法

関数 $f(\boldsymbol{\theta}) : \mathbb{R}^{M \times 1} \to \mathbb{R}^{N \times 1}$ と，測定量 $\boldsymbol{\phi} \in \mathbb{R}^{N \times 1}$ が与えられているとき，

$$\min_{\boldsymbol{\theta}} ||\boldsymbol{\phi} - f(\boldsymbol{\theta})||^2 \tag{A.15}$$

を与える $\boldsymbol{\theta} \in \mathbb{R}^{M \times 1}$ を求める問題を考える．初期値 $\boldsymbol{\theta} = \boldsymbol{\theta}^{(0)}$ から開始し，反復的に $\boldsymbol{\theta}$ を更新する（k 番目の $\boldsymbol{\theta}$ を $\boldsymbol{\theta}^{(k)}$ と書く）．$\boldsymbol{\theta}^{(k)}$ において，$f(\boldsymbol{\theta})$ を 1 次の項までテーラー展開すると，

$$f(\boldsymbol{\theta}) \approx f(\boldsymbol{\theta}^{(k)}) + \left.\frac{\partial f}{\partial \boldsymbol{\theta}}\right|_{\boldsymbol{\theta}=\boldsymbol{\theta}^{(k)}} \left(\boldsymbol{\theta} - \boldsymbol{\theta}^{(k)}\right) \tag{A.16}$$

となる．したがって，問題 (A.15) は

$$\min_{\boldsymbol{\theta}} \left\| \left(\boldsymbol{\phi} - f(\boldsymbol{\theta}^{(k)})\right) - \left.\frac{\partial f}{\partial \boldsymbol{\theta}}\right|_{\boldsymbol{\theta}=\boldsymbol{\theta}^{(k)}} \left(\boldsymbol{\theta} - \boldsymbol{\theta}^{(k)}\right) \right\|^2 \tag{A.17}$$

と近似できる．この問題は最小二乗法で解くことができる．すなわち，式 (A.5) から

$$\Delta \boldsymbol{\theta}^{(k+1)} = (A^{(k)T} A^{(k)})^{-1} A^{(k)T} \Delta \boldsymbol{\phi} \tag{A.18}$$

となる．ただし，

$$\Delta\boldsymbol{\theta}^{(k+1)} := \boldsymbol{\theta}^{(k+1)} - \boldsymbol{\theta}^{(k)}, \quad \Delta\boldsymbol{\phi} := \boldsymbol{\phi} - f(\boldsymbol{\theta}^{(k)}), \quad A^{(k)} := \left.\frac{\partial f}{\partial \boldsymbol{\theta}}\right|_{\boldsymbol{\theta}=\boldsymbol{\theta}^{(k)}} \quad \text{(A.19)}$$

で，$\boldsymbol{\theta}^{(k)}$ が収束するまで更新を繰り返す．この方法は局所解を求めるだけなので，初期値 $\boldsymbol{\theta}^{(0)}$ を適切に選ぶことが重要である．

例 A.3 多辺測量法によるターゲット位置の推定

上記の反復法は，本書でも頻繁に使っている．たとえば 5.5.2 項に示した，追尾式レーザ干渉計を用いた多辺測量法で，測定されたレーザ変位からターゲット位置を求める問題は，最小化問題 (5.9) に帰着される．式 (A.18) の更新則が式 (5.14) となる．

A.3　行列の階数・条件数と最小二乗法

最小二乗法は，どのような場合でも解が一意に存在するわけではない．簡単な例で考える．

例 A.4 最小二乗法で解が一意に得られない簡単な例

行列 A を

$$A = \begin{bmatrix} 1 & 2 \\ 1 & 2 \\ 1 & 2 \end{bmatrix} \quad \text{(A.20)}$$

として，変数 $\boldsymbol{\theta} \in \mathbb{R}^{2\times 1}$，測定量 $\boldsymbol{\phi} \in \mathbb{R}^{3\times 1}$ に対し，$\|\boldsymbol{\phi} - A\boldsymbol{\theta}\|$ を最小化する $\boldsymbol{\theta} := [\,\theta_1 \quad \theta_2\,]^T$ を考える．$\theta_1 + 2\theta_2$ を同じ値にするすべての $\boldsymbol{\theta}$ が，$\|\boldsymbol{\phi} - A\boldsymbol{\theta}\|$ を同じ値にするから，$\boldsymbol{\theta}$ を一意に決めることはできないことは明らかである．

上の極端に単純化した例では，A のすべての行が同じだから，解が無数にあるのは自明である．A がより複雑な，大きなサイズの行列の場合，この判定は A の**階数** (rank) を使うのが便利である．最小二乗法の解が式 (A.5) で一意に決まるためには，行列 $(A^T A)^{-1}$ が存在することが条件である．

▶定理 A.1　$A^T A$ の逆行列が存在する必要十分条件

$A \in \mathbb{R}^{M\times N}$ ($M > N$) に対して，$A^T A$ の逆行列が存在する必要十分条件は，$\mathrm{rank}(A) = N$，すなわち A の階数が最大である (full rank) ことである．

▶**定理 A.2　行列 A の階数が最大である必要十分条件**

$A \in \mathbb{R}^{M \times N}$ ($M > N$) の階数は，線形独立 (linearly independent) な列ベクトルの数と等しい．すなわち，A の階数が最大である必要十分条件は，その列ベクトルがすべて互いに線形独立であることである．

式 (A.20) では $\mathrm{rank}(A) = 1$ である．行列 A の階数が最大でない典型的な原因は，変数が十分に拘束されておらず，解が無数にあることである．例 A.4 では，たとえば $\theta_2 = \theta_1 + 1$ のように拘束されていれば，最小解は一つになる．実際の問題でも変数の拘束を見落とすことが多いので，注意が必要である．例を示す．

例 A.5　多辺測量法によるターゲット位置の推定における変数の拘束

追尾式レーザ干渉計を用いた多辺測量法（5.5.2 項）で，追尾式レーザ干渉計とターゲットの間の距離（式 (5.10)）を考える．すべてのターゲット位置 $\boldsymbol{p}_i$ および追尾式レーザ干渉計の位置 $\boldsymbol{P}_j$ が，同じ方向・距離だけ平行移動したとする（すなわち，すべての (i,j) について，$\boldsymbol{p}'_i = \boldsymbol{p}_i + \boldsymbol{a}$, $\boldsymbol{P}'_j = \boldsymbol{P}_j + \boldsymbol{a}$，ただし $\boldsymbol{a} \in \mathbb{R}^3$ は一定）．移動する前も後もレーザ変位 d_{ij} はまったく変化しない．$\boldsymbol{p}_i, \boldsymbol{P}_j$ が問題 (5.9) の解であれば，$\boldsymbol{p}'_i, \boldsymbol{P}'_j$ も解である．すなわち，$\boldsymbol{p}_i, \boldsymbol{P}_j$ に拘束が何もなければ，問題 (5.9) は解が無数にある．

この冗長性を避けるために，式 (5.13) の拘束が必要となる．式 (5.13) の最初の式は，一つのターゲット位置 $\boldsymbol{p}_{i_0}$ を原点 $[0\ 0\ 0]^T$ に拘束することで，上記のような一様な平行移動を排除している．一様な回転を排除することも必要で，計六つ（平行移動について三つ，回転について三つ）の拘束が必要となる．式 (5.16) の $A^{(k)}$ の階数は $3N + 4N_t - 6$ で，変数は式 (5.12) のとおり $3N + 4N_t$ 個だから，$A^{(k)}$ の階数は最大ではない．式 (5.13) の拘束を加えるには，変数 $\hat{\boldsymbol{x}}^{(k)}$（式 (5.12)）のうち 6 個を除去すればよい．また，それに対応して，$A^{(k)}$ の 6 個の列を削除する．それにより，$A^{(k)}$ の階数は変数の数と等しくなり，式 (A.18) が一意に計算できる．

次に，行列 A の階数は最大であるが，「階数が最大ではない状態にきわめて近い」という状態について考えよう．例 A.4 と同様に，簡単な例で考える．

例 A.6　行列 A の条件数が大きい例

式 (A.20) から少しだけ数値を変え，行列 A を以下のように与える．

$$A = \begin{bmatrix} 1 & 2 \\ 1.001 & 2.001 \\ 0.999 & 1.999 \end{bmatrix} \tag{A.21}$$

このとき，rank$(A) = 2$ であり，A の階数は最大である．ここで，$\phi = \begin{bmatrix} 1 & 1 & 1 \end{bmatrix}^T$ とすると，$\|\phi - A\theta\|$ を最小化する θ は，式 (A.5) から，$\theta = \begin{bmatrix} -1.000 & 1.000 \end{bmatrix}^T$ と計算できる．

次に，$\phi = \begin{bmatrix} 1 & 1.001 & 1 \end{bmatrix}^T$ とわずかに変化したとする．このとき，$\|\phi - A\theta\|$ を最小化する θ は，$\theta = \begin{bmatrix} -0.0003 & 0.5003 \end{bmatrix}^T$ となる．つまり，ϕ の要素の一つがわずかに 0.001 変化しただけで，θ の最適解は大きく変化した．

測定量 ϕ の変動に対して，最適解 θ がどの程度敏感かを表す指標として，行列 A の特異値に注目することが多い．

▶**定理 A.3** $A^T A$ の逆行列が存在する必要十分条件と特異値

行列 $A \in \mathbb{R}^{M \times N}$ に対し，AA^T の固有値の非負の平方根を**特異値** (singular value) とよぶ．$A^T A$ が逆行列をもつ必要十分条件，すなわち最小二乗問題の解（式 (A.5)）が存在するための必要十分条件は，行列 A の特異値にゼロが含まれないことである．

式 (A.20) の行列 A の特異値は $\sigma(A) = 3.87, 0$ であり，その一つがゼロである．一方，式 (A.21) の行列 A の特異値は $\sigma(A) = 3.87, 0.0006$ である．二つ目の特異値はゼロではないが，きわめてゼロに近い．

▶**定理 A.4 最小二乗法の摂動論**[74]

行列 $A \in \mathbb{R}^{M \times N}$ $(M > N)$ の階数は最大とする．$\|\phi - A\theta\|$ を最小化する解を θ^* とする．ここで，A および ϕ がわずかに変動し，$A + \delta A$, $\phi + \delta\phi$ になったとする．ただし，$\delta A \in \mathbb{R}^{M \times N}, \delta\phi \in \mathbb{R}^M$ は，以下を満たすものとする．

$$\max\left(\frac{\|\delta A\|}{\|A\|}, \frac{\|\delta\phi\|}{\|\phi\|}\right) < \frac{1}{\kappa(A)} = \frac{\sigma_{\min}(A)}{\sigma_{\max}(A)} \quad (A.22)$$

$\sigma_{\max}(A)$, $\sigma_{\min}(A)$ はそれぞれ，A の特異値の最大値，最小値を表す．$\kappa(A) := \sigma_{\max}(A)/\sigma_{\min}(A)$ を行列 A の**条件数** (condition number) とよぶ．このとき，$\|(\phi + \delta\phi) - (A + \delta A)\theta\|$ を最小化する解を $\tilde{\theta}^*$ とすると，以下が成立する．

$$\frac{\|\tilde{\theta}^* - \theta^*\|}{\|\theta^*\|} \leq \epsilon \cdot \left\{\frac{2\kappa(A)}{\cos\alpha} + \tan\alpha \cdot \kappa^2(A)\right\} + O(\epsilon^2) \quad (A.23)$$

ただし，$\sin\alpha = \|A\theta^* - \phi\|/\|\phi\|$, $\epsilon := \max(\|\delta A\|/\|A\|, \|\delta\phi\|/\|\phi\|)$ である．

少し雑に解釈すると，上の定理は，A あるいは ϕ がわずかに変動したとき，最適解 x^* に及ぼす影響が大きくなるのは，行列 A の条件数 $\kappa(A)$ が大きいときであること

を意味している†. 本書の多くの問題で, A あるいは ϕ は測定誤差によって変動する. A の条件数 $\kappa(A)$ が大きいことは, わずかな測定誤差によって, 最適解 θ^* が大きく変動してしまう可能性があることを意味する.

例 A.7 トラッカの配置がターゲット位置の測定不確かさに及ぼす影響

例 5.3 では, 追尾式レーザ干渉計の測長不確かさがターゲット位置の推定不確かさに及ぼす影響は, トラッカの配置によって変わることを議論した. これは, 式 (5.16) の $A^{(k)}$ の条件数を調べても同じ結論が得られる. つまり, 図 5.25(a) の「良い」セットアップ No. 1 と比べて, 図 5.25(b) の「悪い」セットアップ No. 2 では, 式 (5.16) の $A^{(k)}$ の条件数が大きい. ただし, 不確かさを定量的に評価するためには, 図 5.25 のようなモンテカルロシミュレーションが必要である.

---

† より厳密に式 (A.23) を見ると, $\|\tilde{\theta}^* - \theta^*\|$ の大きさは α に依存する. つまり, α が 0 に近いとき, すなわち $\|\phi - A\theta^*\| \approx 0$ のときには, 式 (A.23) の右辺は $\epsilon \cdot 2\kappa(A)$ と近似でき, $\kappa(A)$ に比例する. しかし, α が 0 よりもかなり大きくなると, $\kappa^2(A)$ の項の影響が大きくなるので, 式 (A.23) の右辺はずっと大きくなる. α が 2π に近いとき, すなわち最適解 θ^* が零ベクトルに近いとき, 式 (A.23) の右辺は $\kappa(A)$ に関係なく上限がなくなる.

用語集

本書で使われる以下の用語は，ISO 230-1 規格[A1]（JIS B 6190-1 規格[A16]）に定義されている．

(1) **誤差運動** (error motion)，**偏差** (deviation)，**誤差** (error)

ある指令を与えられた運動軸が，誤差をもって行う運動そのものを，**誤差運動**とよぶ．誤差運動の測定軌跡，すなわち軸の運動に伴う誤差の大きさの変化を**偏差**とよぶ．測定された偏差から計算した，誤差の大きさを評価するための一つの数字を**誤差**とよぶ．

(2) **真直度誤差運動** (straightness error motion)，**真直度偏差** (straightness deviation)，**真直度誤差** (straightness error)

真っ直ぐ運動するように指令された直進軸が，運動方向と垂直方向に誤差をもって行う運動そのものを，**真直度誤差運動**とよぶ．この誤差運動の測定軌跡に対して適合させた基準直線（次項参照）からの変位を**真直度偏差**とよぶ．真直度偏差の最大値（正の値）と，最小値（負の値）の差を**真直度誤差**とよぶ．この三つの語の違いを図 B.1 にまとめた．

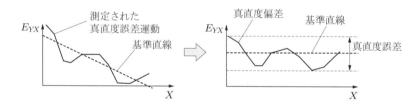

図 B.1　真直度誤差運動，真直度偏差，真直度誤差

(3) **基準直線** (reference straight line)

ある決まりに基づき，真直度誤差運動の測定軌跡に適合させた直線．測定軌跡の平均的な向きを表す直線．基準直線の計算方法は，一つに決められていない．ISO 230-1 規格[A1]（JIS B 6190-1 規格[A16]）では，以下の三つのいずれを使ってもよいとされている．

- **最小領域平均基準直線** (mean minimum zone reference straight

line)
運動軌跡を両側から挟み,かつ両者の間の距離が最小となるような2本の直線の平均線(図 B.2(a)).
- **最小二乗基準直線** (least squares reference straight line)
運動軌跡と軸平均線の差の2乗和が最小となるような直線(図 B.2(b)).
- **両端点基準直線** (end-point reference straight line)
運動軌跡の両端を結んだ直線(図 B.2(c)).

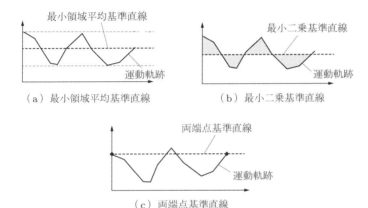

図 B.2 直進軸の運動軌跡の基準直線

(4) **直進位置決め誤差運動** (linear positioning error motion), **直進位置決め偏差** (linear positioning deviation), **直進位置決め誤差** (linear positioning error)
指令位置に対する送り方向の誤差をもって行う運動そのものを,**直進位置決め誤差運動**とよぶ.この誤差運動の測定軌跡,すなわち目標位置と実際の位置の差の軌跡を**直進位置決め偏差**とよぶ.直進位置決め偏差を特性づける数値を**直進位置決め誤差**とよぶ.直進位置決め誤差は様々あり,ISO 230-2[A2](JIS B 6190-2[A17])規格に詳しく規定されている.

(5) **直進軸の角度誤差運動** (angular error motion), **角度偏差** (angular deviation), **角度誤差** (angular error)
直進軸の三つの回転運動(ヨー (yaw), ピッチ (pitch), ロール (roll))そのものを**角度誤差運動**とよぶ.角度誤差運動の測定軌跡を**角度偏差**,角度偏差の最大値(正の値)と,最小値(負の値)の差を**角度誤差**とよぶ.

(6) **二つの直進軸の直角度誤差** (squareness error)
二つの直進軸の基準直線(軸平均線)間の角度(90°からの誤差).

(7) 回転軸 (axis of rotation)
回転の中心を表す直線．

(8) 軸平均線 (axis average line)
回転軸が定められた角度だけ回転するとき，回転軸の位置・姿勢の平均を表す直線．2.2 節を参照．

(9) 軸方向誤差運動 (axial error motion), 径方向誤差運動 (radial error motion), 傾斜方向誤差運動 (tilt error motion), 角度位置決め誤差運動 (angular positioning error motion)
2.2 節を参照．ISO 230-7[A5]（JIS B 6190-7[A20]）に定義．

(10) 振れ (runout)
運動する表面を測定して得られた変位．ISO 230-7[A5]（JIS B 6190-7[A20]）に定義．

(11) ピッチエラー補正 (pitch error compensation)
直進位置決め偏差を，指令位置の調整によって補正すること．

参考文献

国際・国内規格

[A1] ISO 230-1:2012, Test code for machine tools – Part 1: Geometric accuracy of machines operating under no-load or quasi-static conditions.

[A2] ISO 230-2:2014, Test code for machine tools – Part 2: Determination of accuracy and repeatability of positioning of numerically controlled axes.

[A3] ISO 230-4:2005, Test code for machine tools – Part 4: Circular tests for numerically controlled machine tools.

[A4] ISO 230-6:2002, Test code for machine tools – Part 6: Determination of positioning accuracy on body and face diagonals (Diagonal displacement tests)

[A5] ISO 230-7:2015, Test code for machine tools – Part 7: Geometric accuracy of axes of rotation.

[A6] ISO 230-10:2016, Test code for machine tools – Part 10: Determination of the measuring performance of probing systems of numerically controlled machine tools.

[A7] ISO/TR 230-11:20XX, Test code for machine tools – Part 11: Measuring instruments suitable for machine tool geometry tests（注：2017 年 1 月現在，未発行）

[A8] ISO 841:2001, Industrial automation systems and integration – Numerical control of machines – Coordinate system and motion nomenclature.

[A9] ISO 10791-1:2015, Test conditions for machining centres – Part 1: Geometric tests for machines with horizontal spindle (horizontal Z-axis).

[A10] ISO 10791-6:2014, Test conditions for machining centres – Part 6: Accuracy of speeds and interpolations.

[A11] ISO 10791-7:2014, Test conditions for machining centres – Part 7: Accuracy of a finished test iece.

[A12] ISO 10360-2:2009 Geometrical product specifications (GPS) – Acceptance and reverification tests for coordinate measuring machines (CMM) – Part 2: CMMs used for measuring linear dimensions.

[A13] ISO/TR 16907: 2015, Machine tools – Numerical compensation of geometric errors.

[A14] Joint Committee for Guides in Metrology (JCGM), JCGM 200:2012, International vocabulary of metrology – Basic and general concepts and associated terms (VIM), (2012).

[A15] NAS 979:1969, Uniform cutting test – NAS series, metal cutting equipment specifications; 34–37.

[A16] JIS B 6190-1:2016, 工作機械試験方法通則 第 1 部：幾何精度試験方法
[A17] JIS B 6190-2:2016, 工作機械試験方法通則 第 2 部：数値制御による位置決め精度試験
[A18] JIS B 6190-4:2008 工作機械試験方法通則 第 4 部：数値制御による円運動精度試験
[A19] JIS B 6196：2006 工作機械—対角位置決め精度試験方法通則
[A20] JIS B 6190-7: 20XX, 工作機械試験方法通則—第 7 部：回転軸の幾何精度試験（2017 年 1 月現在改定作業中で，未発行．現行規格は JIS B 6190-7:2008）
[A21] JIS B 6310:2003，産業オートメーションシステム—機械および装置の制御—座標系および運動の記号
[A22] JIS B 6336-1:20XX マシニングセンター試験条件—第 1 部：水平主軸をもつ機械の幾何精度（水平 Z 軸）（注：2017 年 1 月現在改定作業中で，未発行．現行規格は JIS B 6336-1:2000）
[A23] JIS B 6336-6:20XX マシニングセンター試験条件—第 6 部：速度および補間運動の精度（注：2017 年 1 月現在改定作業中で，未発行．現行規格は JIS B 6336-6:2000）
[A24] JIS B 6336-7:20XX マシニングセンター試験条件—第 7 部：工作精度（注：2017 年 1 月現在改定作業中で，未発行．現行規格は JIS B 6336-7:2000）
[A25] JIS B 7440-2:2013，製品の幾何特性仕様 (GPS)—座標測定機（CMM）の受入検査および定期検査—第 2 部：長さ測定

筆者の論文

[B26] S. Ibaraki, W. Knapp, Indirect Measurement of Volumetric Accuracy for Three-Axis and Five-Axis Machine Tools : A Review, *International Journal of Automation Technology*, 6 (2) (2012) 110–124.
[B27] S. Ibaraki, T. Hata, A. Matsubara, A new formulation of laser step-diagonal measurement — two-dimensional case, *Precision Engineering*, 33(1) (2009) 56–64.
[B28] S. Ibaraki, T. Hata, A New Formulation of Laser Step Diagonal Measurement — Three-dimensional Case —, *Precision Engineering*, 34(3) (2010) 516–525.
[B29] S. Ibaraki, T. Kudo, T. Yano, T. Takatsuji, S. Osawa, O. Sato, Estimation of Three-dimensional Volumetric Errors of Machining Centers by a Tracking Interferometer, *Precision Engineering*, 39 (2014) 179–186.
[B30] S. Ibaraki, G. Sato, K. Takeuchi, 'Open-loop' tracking interferometer for machine tool volumetric error measurement — Two-dimensional case, *Precision Engineering*, 38(3) (2014) 666–672.
[B31] S. Ibaraki, K. Nagae, G. Sato, Proposal of "open-loop" tracking interferometer for machine tool volumetric error measurement, *CIRP Annals — Manufacturing Technology*, 63 (2014) 501–503.
[B32] M. Sharif Uddin, Soichi Ibaraki, Atsushi Matsubara, Tetsuya Matsushita, Prediction and compensation of machining geometric errors of five-axis machining centers with kinematic errors, *Precision Engineering*, 33(2) (2009) 194–201.
[B33] 茨木創一, 澤田昌広, 松原厚, 森雅彦, 樫原圭蔵, 垣野義昭：ボールバー法を用いた複合加工機のミリング主軸旋回軸の動的運動精度測定法，精密工学会誌，73(5) (2007) 583–587.
[B34] Soichi Ibaraki, Chiaki Oyama, Hisashi Otsubo, Construction of an error map of

rotary axes on a five-axis machining center by static R-test, *International Journal of Machine Tools and Manufacture*, 51(3) (2011) 190–200.

[B35] Cefu Hong, Soichi Ibaraki, Graphical presentation of error motions of rotary axes on a five-axis machine tool by static R-test with separating the influence of squareness errors of linear axes, *International Journal of Machine Tools and Manufacture*, 59 (2012) 24–33.

[B36] Soichi Ibaraki, Yu Nagai, Hisashi Otsubo, Yasutaka Sakai, Shigeki Morimoto, and Yosuke Miyazaki, R-Test Analysis Software for Error Calibration of Five-Axis Machine Tools — Application to a Five-Axis Machine Tool with Two Rotary Axes on the Tool Side —, *International Journal of Automation Technology*, 9(4) (2015) 387–395.

[B37] 茨木創一：5軸制御加工機の運動精度の測定・補正のためのR-test解析ソフトウェア，機械技術，63(5)，日刊工業新聞社，2015.

[B38] S. Ibaraki, Y. Ota, Error calibration for five-axis machine tools by on-the-machine measurement using a touch-trigger probe, *International Journal of Automation Technology*, 8(1) (2014) 20–27.

[B39] S. Ibaraki, T. Iritani, T. Matsushita, Calibration of location errors of rotary axes on five-axis machine tools by on-the-machine measurement using a touch-trigger probe, *International Journal of Machine Tools and Manufacture*, 58 (2012) 44–53.

[B40] S. Ibaraki, T. Iritani, T. Matsushita, Error map construction for rotary axes on five-axis machine tools by on-the-machine measurement using a touch-trigger probe, *International Journal of Machine Tools and Manufacture*, 68 (2013) 21–29.

[B41] C. Hong, S. Ibaraki, A. Matsubara, Influence of position-dependent geometric errors of rotary axes on a machining test of cone frustum by five-axis machine tools, *Precision Engineering*, 35(1) (2011) 1–11.

[B42] Soichi Ibaraki, Yusuke Ota, A machining test to calibrate rotary axis error motions of five-axis machine tools and its application to thermal deformation test, *International Journal of Machine Tools and Manufacture*, 86 (2014) 81–88.

[B43] S. Ibaraki, M. Sawada, A. Matsubara, T. Matsushita, Machining tests to identify kinematic errors on five-axis machine tools, *Precision Engineering*, 34(3) (2010) 387–398.

学術論文・書籍

[44] 清水伸二：初歩から学ぶ工作機械―共通な基本構造と仕組みがわかる，大河出版，2011.
[45] 工作機械の設計学（基礎編），社団法人日本工作機械工業会，1998.
[46] 伊東誼，森脇俊道：工作機械工学（機械系 大学講義シリーズ 25），コロナ社，2004.
[47] 松原厚：精密位置決め・送り系設計のための制御工学，森北出版，2008.
[48] D. N. Reshetov, V. T. Portman: *Accuracy of Machine Tools*, ASME Press, New York, NY, USA, 1988.
[49] 稲崎一郎，岸浪建史，坂本重彦，杉村延広，竹内芳美，田中文基：工作機械の形状創成理論―その基礎と応用―，養賢堂，(1997).
[50] 上野滋：精密機械の精度測定と評価，日刊工業新聞社，2011.

[51] H. Schwenke, W. Knapp, H. Haitjema, A. Weckenmann, R. Schmitt, F. Delbressine, Geometric error measurement and compensation of machines — An update, *CIRP Annals — Manufacturing Technology*, 57(2) (2008) 560–575.

[52] 山田雄策：工作機械の空間誤差の補正技術，第 15 回国際工作機械技術者会議, 2012.

[53] J. B. Bryan, A simple method for testing measuring machines and machine tools, Part 1, Principles and applications, *Precision Engineering*, 4(2) (1982) 61–69.

[54] 垣野義昭, 井原之敏, 亀井明敏, 伊勢徹, NC 工作機械の運動精度に関する研究（第 1 報）—DBB 法による運動誤差の測定と評価, 精密工学会誌, 52(7) (1986) 1193–1198.

[55] 垣野義昭, 井原之敏, 篠原章翁：DBB 法による NC 工作機械の精度評価法, リアライズ社, 1990.

[56] M. Chapman, Limitations of laser diagonal measurements, *Precision Engineering*, 27(4) (2003) 401–406.

[57] C. Wang, Laser vector measurement technique for the determination and compensation of volumetric positioning errors. Part 1: Basic theory, *Review of Scientific Instruments*, 71(10) (2000) 3933–3937.

[58] G. Chen, J. Yuan, J. Ni, A displacement measurement approach for machine geometric error assessment, *International Journal of Machine Tools and Manufacture*, 41 (2001) 149–161.

[59] B. Bringmann, A. Küng, and W. Knapp, A Measuring Artefact for true 3D Machine Testing and Calibration, *CIRP Annals — Manufacturing Technology*, 54(1) (2005) 471–474.

[60] K. Lau, R. J. Hocken, W. C. Haight, Automatic laser tracking interferometer system for robot metrology, *Precision Engineering*, 8(1) (1986) 3–8.

[61] B. Muralikrishnan, S. Phillips, D. Sawyer, Laser trackers for large-scale dimensional metrology: A review, *Precision Engineering*, 44 (2016) 13–28.

[62] L. B. Brown, J. B. Merry, D. N. Wells, Coordinate measurement with a tracking laser interferometer, *Laser and Applications*, (1986) 69–71.

[63] H. Schwenke, M. Franke, J. Hannaford, H. Kunzmann, Error mapping of CMMs and machine tools by a single tracking interferometer, *CIRP Annals — Manufacturing Technology*, 54(1) (2005) 475–478.

[64] 飯塚幸三（監修）：計測における不確かさの表現のガイド—統一される信頼性表現の国際ルール，日本規格協会，1996.

[65] W. Bich, M. G. Cox, P. M. Harris, Evolution of the 'Guide to the Expression of Uncertainty in Measurement, *Metrologia*, 43(4) (2006) S161–S166.

[66] 垣野義昭, 井原之敏, 佐藤浩毅, 大坪寿：NC 工作機械の運動精度に関する研究（第 7 報）：DBB 法による 5 軸制御工作機械の運動精度の測定, 精密工学会誌, 60(5) (1994) 718–722.

[67] 坂本重彦, 稲崎一郎, 塚本顯彦, 市来崎哲雄：ボールバーによる五軸マシニングセンタの組立誤差同定法, 日本機械学会論文集 (C), 63(605) (1997) 262–267.

[68] Y. Abbaszaheh-Mir, J. R. R. Mayer, G. Clotier, C. Fortin, Theory and simulation for the identification of the link geometric errors for a five-axis machine tool us-

ing a telescoping magnetic ball-bar, *International Joural of Production Research*, 40(18) (2002) 4781–4797.

[69] M. Tsutsumi, A. Saito, Identification and compensation of systematic deviations particular to 5-axis machining centers, *International Joural of Machine Tools and Manufacture*, 43(8) (2003) 771–780.

[70] 堤正臣：工作機械検査規格の標準化研究（特集記事），精密工学会誌，78(7) (2012) 563–566.

[71] S. Weikert, R-Test, a New Device for Accuracy Measurements on Five Axis Machine Tools, *Annals of CIRP — Manufacturing Technology*, 53(1) (2004) 429–432.

[72] B. Bringmann, W. Knapp, Model-based 'Chase-the-Ball' calibration of a 5-axis machining center, *Annals of CIRP — Manufacturing Technology*, 55(1) (2006) 531–534.

[73] 松下哲也：加工機をはかる：多軸工作機械の運動精度のチューニング（特集記事），日本機械学会誌，118(1164) (2015) 684–685.

[74] J. W. Demmel, *Applied Numerical Linear Algebra*, Society for Industrial and Applied Mathematics, 1997.

索 引

英 数

1次元ボールアレイ　92
2次元スケール　93
2次元ボールアレイ　92
2-ノルム　97, 151
3次元位置決め偏差　3
3次元回転誤差補正機能　67
3次元測定器　76
3次元ボールアレイ　92
R-test 測定　119

あ 行

アッベの誤差　ii
アーティファクト　92
案　内　i
位置依存幾何誤差　14
ウォームギア　117
渦電流式変位計　4
円運動誤差軌跡の中心補正　153
円運動精度試験　78
円錐盤　140
送り系　i
オートコリメータ　4, 90
オープンループ追尾式レーザ干渉計　108

か 行

階　数　156
回転感度方向　23
回転軸　162
回転軸誤差運動の2次元効果　23
角度依存幾何誤差　21
角度位置決め誤差運動　162
角度位置決め偏差　19
角度誤差　161

角度偏差　89, 161
間接測定　12, 78
観測点　56
感度方向　22
機械座標系　17
機械座標系の原点　89
幾何学的チェーン　40
幾何学モデル　40
幾何誤差　16
基準直線　15, 153, 160
機能点　2
キャッツアイ・レトロリフレクタ　95
球の芯ずれ　121
極座標表示　111
空間精度　ii, 3
クロスローラ軸受　118
傾斜方向誤差運動　20, 162
形状創成理論　iv
径方向誤差運動　19, 162
原　点　16
工具座標系　32, 56
工具先端点　2
工具先端点制御　57
工具長　56, 91, 122
工具プリセッタ　122
工作機械の母性原理　i, 1
交差格子スケール　93
交差度誤差　29
合成標準不確かさ　105
剛体運動　55
誤　差　160
コサイン誤差　87
誤差運動　14, 160
誤差の縮尺　8

誤差マップ　9, 68
固定感度方向　23
コーナーキューブ　95

さ行

最小設定単位送り試験　76
最小二乗基準直線　161
最小二乗平均線　15
最小二乗法　151
最小領域平均基準直線　160
座標系　16
座標変換　44
軸構造の記号　40
軸座標系　24
軸平均線　15, 21, 162
軸平均線の位置誤差　22
軸平均線の幾何誤差　21
軸方向誤差運動　20, 162
主軸ゲージライン　32, 91
主軸座標系　31
主軸頭旋回形5軸加工機　25, 32
準静的な試験　114
条件数　158
真直度誤差　160
真直度誤差運動　13, 160
真直度偏差　4, 90, 160
水準計　4
数値制御工作機械　1
ステップ対角線測定　83
静的誤差　iii
静的測定　114
静電容量式変位計　4
セミクローズドループ制御　80
測定座標系　145
測定の不確かさ　104

た行

対角線測定　81
ダイヤルゲージ　4
ダイレクトドライブ　118
ターゲット　94
タッチプローブ　134
多辺測量法　95

直定規　4
直進位置決め誤差　161
直進位置決め誤差運動　13, 161
直進位置決め偏差　4, 90, 161
直進軸の角度誤差運動　161
直接測定　6, 78
直角定規　6
直角度誤差　6, 15, 90, 161
追尾式レーザ干渉計　94
デッドパス　97
テーブル・主軸頭旋回形5軸加工機　25, 34
テーブル旋回形5軸加工機　25
転置行列　152
同次変換行列　43
動的誤差　iii
特異値　158
特異点　75
凸関数　152

な行

内積　79
ニュートン法　98, 155
ノミナルな　26

は行

半径補正　153
非線形最小二乗法　155
ピッチ　4, 13
ピッチエラー補正　66, 162
標準不確かさ　105
フルクローズドループ制御　80
振れ　19, 162
変位計　4
変位計の方向ベクトル　121
偏差　160
変動感度方向　23
ボールバー　78

ま行

右ねじの方向　15
メカトロニクスシステム　i
モンテカルロシミュレーション　105

や 行

ヤコビ行列　98
ヨー　　4, 13

ら 行

両端点基準直線　161
レーザ干渉計　4
レーザトラッカ　94
レーザ変位計　4
レトロリフレクタ　95
ローラギアカム　117
ロール　4, 13

わ 行

ワーク座標系　3, 26, 47
割り出し角度　19

著者略歴
茨木 創一（いばらき・そういち）
- 1994年 京都大学工学部精密工学科卒業
- 1996年 京都大学工学研究科修士課程修了
- 2000年 カリフォルニア大学バークレー校博士課程修了，Ph.D.
- 2001年 京都大学大学院工学研究科精密工学専攻助手
- 2006年 京都大学大学院工学研究科マイクロエンジニアリング専攻助教授
- 2007年 同 准教授
- 2016年 広島大学工学研究院機械システム工学専攻教授
  現在に至る

編集担当	富井 晃（森北出版）
編集責任	上村紗帆・石田昇司（森北出版）
組 版	ウルス
印 刷	エーヴィスシステムズ
製 本	ブックアート

工作機械の空間精度
3次元運動誤差の幾何学モデル・補正・測定　　　　© 茨木創一　2017

2017年4月5日　第1版第1刷発行　　　　【本書の無断転載を禁ず】

著 者	茨木創一
発行者	森北博巳
発行所	森北出版株式会社

東京都千代田区富士見 1-4-11（〒102-0071）
電話 03-3265-8341／FAX 03-3264-8709
http://www.morikita.co.jp/
日本書籍出版協会・自然科学書協会　会員
JCOPY ＜(社)出版者著作権管理機構　委託出版物＞

落丁・乱丁本はお取替えいたします．
Printed in Japan／ISBN978-4-627-62511-2